ReSNA

Revue semestrielle en Sciences Naturelles et Agronomiques

001 - 2025

ReSNA

Revue semestrielle en Sciences Naturelles et Agronomiques

001 - 2025

L'Harmattan
Guinée

5-7, rue de l'École-Polytechnique – 75005 Paris

www.harmattan.fr

ISBN : 978-2-336-52446-7
EAN : 9782336524467

SOMMAIRE

ÉDITORIAL

ENJEUX AGRICOLES ET ENVIRONNEMENTAUX : APPORT DES SCIENCES NATURELLES ET AGRONOMIQUES

De nos jours, le domaine de l'alimentation, l'agriculture et les ressources naturelles constituent un capital majeur pour les pays. L'exploitation excessive de ressources contribue significativement à la dégradation de la biodiversité : dégradation d'habitats naturels, diminution des ressources disponibles pour une multitude d'espèces sauvages, pollutions, perturbations et mortalités pour certaines espèces sauvages ou même protégées (comme la récolte/chasse/pêche intensive). Elle entraîne également la destruction d'écosystèmes complets et perturbe leur fonctionnement global, tout comme tous les services écosystémiques qu'ils offrent. Ces répercussions peuvent être irréversibles, du moins sur le plan temporel de l'humanité (par exemple, le changement climatique). Tandis que l'exploitation des ressources est excessive, environ 11 % de la population mondiale demeure sous-alimentée.

Au cours des dernières années, le monde a subi une métamorphose rapide en matière d'économie et de technologie. Dans ce processus, les principales problématiques mondiales, comme la sécheresse, la montée des coûts de production et la faim mondiale causées par le changement climatique, ainsi que les conflits régionaux, affectent négativement les chaînes d'approvisionnement en nourriture. Étant donné ce contexte, l'agriculture occupe une place prépondérante dans les économies mondiales, notamment dans les pays membres de l'Organisation de la Coopération Islamique (OCI). L'expansion de ce domaine revêt aussi une importance capitale pour traiter des problématiques cruciales comme la sûreté des aliments, la pauvreté et le progrès économique. Le secteur agricole représente actuellement la plus importante entreprise économique de l'humanité en particulier dans les pays en voie de développement et emploie le plus grand nombre d'individus, ses produits atteignant des volumes supérieurs à ceux de toutes les autres activités humaines. Le développement des sciences et techniques de ce secteur ont d'une part transformé les pratiques agricoles mais aussi contribue à la dégradation de l'environnement ou de la biodiversité.

La protection de cet environnement, la conservation de la biodiversité et l'alimentation de la population mondiale continuent un enjeu majeur. La recherche de solutions innovantes à cette équation à triple inconnue mérite l'implication des chercheurs du secteur des sciences naturelles et agronomiques. C'est dans ce cadre que sous l'initiative du Ministère de l'Enseignement Supérieur de la Recherche Scientifique et l'Innovation que la Revue des Sciences Naturelles et Agronomiques (ReSNA) a été mis en place afin de diffuser toutes questions traitées dans ce domaine. Dans sa globalité, il aborde les questions liées au aspects suivants :

- Sciences agronomiques (agroforesterie, biologie végétale, sciences animales, sols et environnement, microbiologie agroalimentaire, développement rural intégré et gestion agroalimentaire) ;
- Ressources naturelles (terre, eau, sol, plantes et animaux).

Ce premier numéro de la revue contient sept articles scientifiques de contenu innovatif et incitatif sur :

- Les patrimoines et biosphère des monts Nimba ;
- Les hybrides du sorgho ;
- L'agroécologie ;
- La performance des systèmes de riziculture intensive et traditionnelle ;
- Les marqueurs du virus de la rage chez les animaux sauvages ;
- La toxoplasmose chez les carnivores domestiques.

Cette revue sera et restera au cœur du développement de la recherche et de l'innovation dans les sciences naturelles et agronomiques. C'est pourquoi, les comités de rédaction et de lecture mettront tout en œuvre afin que la revue soit régulière et publie des résultats scientifiques innovants dans les domaines des sciences naturelles et agronomiques.

Pre Mabetty TOURÉ
Directrice Générale

RECOMMANDATIONS AUX LECTEURS

La Revue semestrielle en Sciences Naturelles et Agronomiques (ReSNA), est publiée en République de Guinée par l'Institut Supérieur Agronomique et Vétérinaire « Valéry Giscard d'Estaing » de Faranah (ISAV « VGE »/F). Elle publie des travaux originaux de recherche et de synthèses bibliographiques en sciences naturelles et agronomiques.

Les auteurs doivent respecter strictement les règles de fond et de forme indiquées dans ce guide et doivent adresser leurs textes directement par courriel à l'adresse suivante : resna@isav.edu.gn. Ils recevront en retour un accusé de réception.

Le guide des auteurs de la revue ReSNA prend appui, sur les normes éditoriales d'une revue de Sciences Naturelles et Agronomiques adoptées par le CTS/SNA du CAMES, le 17 juillet 2016 à Bamako, lors de la 38eme session des CCI.

Selon ces normes, « aucune revue ne peut publier un article dont la rédaction n'est pas conforme aux normes éditoriales (NORCAMES/SNA).

Langues de publication

La Revue semestrielle en Sciences Naturelles et Agronomiques (ReSNA), publie les articles écrits en français et anglais. Les résumés sont publiés en français et en anglais.

Contenu des manuscrits

La priorité est donnée aux articles présentant des sujets originaux, ayant une portée la plus large possible, c'est-à-dire dont le contenu concerne surtout des aspects méthodologiques transposables dans une large gamme d'environnement et de régions du monde.

Un accent tout particulier est également mis sur la fiabilité des informations publiées, c'est-à-dire, quand il s'agit de résultats expérimentaux, sur le nombre de répétitions des essais, dans le temps et dans l'espace, qui sont à l'origine des données obtenues.

Les manuscrits n'auront pas été soumis pour publication simultanément à une autre revue scientifique.

Tous les manuscrits sont initialement sélectionnés en fonction de leur adéquation au sujet. Les principales *séries* ***(Agriculture, Agroforesterie, Biologie, Biochimie, Biodiversité, Ecologie, Economie rurale, Elevage, Eaux et Forêts Environnement, Microbiologie et Vulgarisation agricole)*** de la ReSNA dont les domaines incluent (mais ne sont pas limités) :

- ***L'aménagement et la gestion des ressources naturelles*** (forêt, faune, sol, eau) et des territoires ruraux, y compris la sylviculture, l'écologie, les impacts environnementaux, la conservation et l'évolution de la biodiversité, la gestion des aires protégées, l'écotourisme et les aménagements hydro-agricoles ;
- ***Les sciences et techniques de production végétale*** (phytotechnie, mycologie, horticulture, biotechnologie et protection des végétaux, stockage et conservation des produits de récolte) ;
- ***Les sciences agroalimentaires, la nutrition, l'autosuffisance alimentaire et la sécurité alimentaire*** (la transformation et l'utilisation des produits animaux et végétaux dans l'alimentation ou l'industrie) ;
- ***Les sciences et techniques de production animale*** (zootechnie, santé animale, pêche, aquaculture, amélioration génétique des animaux, domestication et exploitation des espèces non conventionnelles) ;
- ***L'économie et la sociologie des systèmes de production agricole et des ressources naturelles*** (le développement agricole en général et les innovations techniques et technologiques) ;
- ***Les agroécosystèmes et leur rôle dans l'atténuation du changement global*** (changement climatique, gaz à effet de serre et perte de biodiversité, dégradation des terres et érosion des sols, gestion de l'eau et des déchets, et approches d'atténuation associées).

Procédure de soumission

Les manuscrits sont à adresser au rédacteur en chef par la poste, en trois exemplaires, sous forme de document papier, ou, de préférence, directement à l'adresse électronique du secrétariat de rédaction sous forme de fichiers attachés.

Dans la mesure du possible, après acceptation de l'article pour publication, l'auteur fournira sa dernière version, revue et corrigée, sous format électronique. Le logiciel Word est recommandé.

Style de la rédaction

Les manuscrits seront rédigés en simple face, en double interligne, police de caractères Times New Roman 12, avec une marge de 2,5 cm autour de la plage imprimée. Ils comporteront au maximum vingt cinq (25) pages de texte (page de couverture non compris).

La première page portera : le titre, le titre abrégé (maximum 55 caractères), les noms et prénoms complets des auteurs, le diplôme, la fonction, la nationalité, l'adresse professionnelle complète et l'adresse électronique de chacun d'eux.

Le nom de l'auteur correspondant sera marqué d'un "*" et son adresse sera complétée par son numéro de téléphone. L'auteur de la correspondance recevra le texte instruit. Il devra le retourner corrigé dans un délai n'excédant pas dix **(10)** jours à partir de sa date de réception.

Après publication, l'auteur de la correspondance recevra le fichier électronique de la version définitive (le tiré à part) en format pdf.

La suite de la première page présentera :

(i) les résumés (max. 300 mots), les résumés du manuscrit doivent être en français et en anglais, précédé du titre traduit et suivi au maximum de cinq (05) mots-clés dans chacune des deux langues ;
(ii) le corps du texte ;
(iii) la bibliographie ;
(iv) les tableaux numérotés au moyen de chiffres arabes ;
(v) les illustrations identifiées sans ambiguïté par un numéro au verso si elles ne sont pas envoyées électroniquement ;
(vi) les légendes des tableaux et des illustrations.

Toutes les pages seront numérotées en continu.

Le texte sera divisé en grands chapitres (Introduction, Matériel et méthodes, Résultats, Discussion, Conclusions) et sa subdivision ne dépassera pas deux niveaux (un seul niveau en dessous de celui des chapitres). Les titres des chapitres et les sous-titres des paragraphes, concis ne seront jamais soulignés.

Les références seront citées dans le texte au moyen de nombres placés entre **crochets [...].** En cas de citation de plusieurs références, leurs nombres se succéderont par ordre croissant.

Les figures seront dessinées de façon professionnelle. Les photographies seront fournies non montées, bien contrastées sur papier brillant.

Les photos fournies en format jpg doivent être de bonne qualité et avoir au minimum 300 pixels par pouce (dpi).

Les fichiers Excel des données de tableaux et graphiques doivent être fournis lors de la soumission du manuscrit.

Les références bibliographiques seront données par ordre d'apparition dans le texte et par ordre chronologique pour un auteur donné.

Elles seront numérotées en continu en commençant par le chiffre 1.

Le nombre de références bibliographiques ne dépassera pas cinquante.

Pour les articles de revues, les références comprendront : les noms des auteurs suivis des initiales des prénoms, l'année de publication, le titre complet de l'article dans la langue d'origine, le nom de la revue, le numéro du volume souligné, les numéros de la première et de la dernière page séparés par un tiret.

Exemple : Poste G., 1972, Mechanisms of virus induced cell fusion. Int. Rev. Cytol. 33, 157222.

Pour les monographies, les éléments suivants sont essentiels : les noms des auteurs suivis des initiales des prénoms, l'année de publication, le titre complet de l'ouvrage, le nom de l'éditeur, le lieu d'édition, la première et la dernière page du chapitre cité, le nombre total de pages de l'ouvrage.

Les comptes rendus de conférences sont traités comme des monographies ; de plus, ils mentionneront si possible le lieu, la date de la réunion et le(s) éditeur(s) scientifique(s).

Exemple : Korbach M.M. & Ziger R.S., 1972, Heterozygotes detection in Tay-Sachs disease a prototype community screening program for the prevention of recessive genetic disorders pp 613-632. In: B.W. Volks & S.M. Aronson (Editors), Sphingolipids and allied disorders, Plenum, New-York, 205 p.

Droits de reproduction

En soumettant l'article, les différents auteurs associés donnent à **la ReSNA** l'autorisation, non exclusive, de diffusion en accès libre. L'auteur conserve ses droits d'auteur.

Attestation de publication

Afin de s'assurer de l'originalité du manuscrit et de l'accord de sa publication par les organismes de tutelle des auteurs, il est demandé à l'auteur principal de signer une attestation sur l'honneur ***(Formulaire Attestation de Publication)***.

Participation aux frais de publication

Le montant de la participation des auteurs aux frais de publication de l'article s'élève à **750 000 FG** selon la modalité choisie par l'auteur. Lors de la soumission, l'auteur correspondant doit accepter ces frais ***(Formulaire des Frais de Publication)***. La participation aux frais est à payer lorsque le manuscrit est accepté pour publication.

Détecteur de Plagiat

Tous les manuscrits sont soumis à un test de plagiat **(< 15%)** avant d'être transmis aux lecteurs. Comité de lecture et examen en double aveugle par les pairs.

Le comité de lecture de la **ReSNA** est composé de lecteurs réénumérés appartenant à la communauté scientifique nationale et internationale, spécialisés dans tous les domaines concernant les sciences naturelles et agronomiques dans les pays de l'espace du Conseil Africain et Malgache de l'Enseignement Supérieur (CAMES).

Les auteurs devront proposer trois lecteurs de renommée internationale, lors de la soumission. Les articles sont soumis à trois ou plusieurs lecteurs sélectionnés par le comité de rédaction.

Ces lecteurs restent anonymes pour les auteurs. Les auteurs restent également anonymes pour les lecteurs.

Le comité de rédaction se réserve le droit de refuser tout article non conforme aux prescriptions de la revue.

Le taux d'acceptation des articles soumis à de la ReSNA sera **40%** pour les premières parutions.

Conflits d'intérêts

Tous les auteurs doivent signer sur le document de l'Attestation de correction qu'il n'y a aucun conflit d'intérêt autour du manuscrit lors de sa soumission.

Contributions

Les auteurs doivent préciser la contribution de chaque auteur dans la réalisation de la recherche.

Remerciements

Les auteurs doivent procéder aux remerciements de l'organisme de financement de la recherche.

Comité de rédaction

Le secrétariat de rédaction peut conseiller les auteurs pour l'amélioration de leur manuscrit. Il peut également mettre en contact les lecteurs qui le souhaitent avec les auteurs dont ils évaluent le manuscrit.

DÉTECTION DES MARQUEURS DU VIRUS DE LA RAGE CHEZ LES ANIMAUX SAUVAGES EN MOYENNE GUINÉE
(Titre abrégé : Zoonoses virales)

Lanceï KABA*,
Maître Assistant du CAMES, Institut Supérieur des Sciences et de Médecine Vétérinaire (ISSMV) de Dalaba, BP 09, Dalaba, République de Guinée,
lancekaba@yahoo.fr

Germaine MILLIMONO,
Assistant, Institut Supérieur des Sciences et de Médecine Vétérinaire (ISSMV) de Dalaba, BP 09, Dalaba, République de Guinée

Noumouké KANTE,
Assistant, Institut Supérieur des Sciences et de Médecine Vétérinaire (ISSMV) de Dalaba, BP 09, Dalaba, République de Guinée

Saran CAMARA,
Assistant, Institut Supérieur des Sciences et de Médecine Vétérinaire (ISSMV) de Dalaba, BP 09, Dalaba, République de Guinée

Moustapha GROVOGUI,
Gestionnaire de projet, Projet Régional d'Amélioration des systèmes de surveillance des maladies en Afrique de l'Ouest-REDISSE- Ministère de la Santé Publique, Conakry, République de Guinée.

Boye DIALLO,
Gestionnaire de projet, Projet Régional d'Amélioration des systèmes de surveillance des maladies en Afrique de l'Ouest-REDISSE- Ministère de la Santé Publique, Conakry, République de Guinée.

Alpha Oumar Sily DIALLO,
Professeur des Universités, Institut Supérieur des Sciences et de Médecine Vétérinaire (ISSMV) de Dalaba, BP 09, Dalaba, République de Guinée

Youssouf SIDIME,
Professeur des Universités, Centre de Recherche pour Valorisation de l'Invention/Innovation Scientifique et Technologique (CREVIST), République de Guinée

Résumé : La rage est une maladie zoonotique négligée affectant des populations vulnérables et pauvres. Malgré quelques campagnes de lutte contre les chiens errants en Guinée, on notait en 2008 que le groupe d'âge la plus touchée était celui des moins de 15 ans. Elle est le plus souvent causée par les chiens mordeurs. Elle peut être transmise par tous les mammifères. Cette étude a visé de mettre en évidence le portage potentiel de l'agent de la rage chez les animaux sauvages en Moyenne Guinée. Les travaux ont été réalisés ponctuellement selon la disponibilité des échantillons de chasse par des visites prospectives randomisées dans le périmètre ciblé sur le potentiel de portage du virus au niveau des carnivores sauvages. Sur un total de 100 échantillons prélevés sur des mammifères (chauves-souris, chiens, renards, loups, chats, chacals, mouffettes, vampires ou chauves-souris hématophages) analysés par les méthodes Bionote et à l'immunofluorescence au Laboratoire Central Vétérinaire de Diagnostic (LCVD) de Conakry, les résultats des analyses effectuées, ont montré que tous les échantillons de cerveaux ne portaient pas de marqueurs d'antigènes du virus de la rage. Une attention soutenue doit être accordée à la surveillance épidémiologique de cette zoonose du fait qu'il existe des chauves-souris porteuses de façon phylogénétique du Lyssavirus dans certaines localités visitées.

Mots-clés : Rage, Epidémiologie, Réservoirs, Carnivores sauvages, Moyenne Guinée.

Abstract: Rabies is a neglected disease affecting of poor and vulnerable populations. Despite some campaigns to combat stray dogs in Guinea, it was noted in 2008 that the age group most affected was that of those under 15 years old. It is most often caused by biting dogs. All mammals can transmit rabies. The aim of this study was to highlight the potential carriage of rabies virus in wild animals in Middle Guinea. The work was carried out punctually according to availability of hunting samples through prospective randomized visits to the area targeted on the potential for Lyssavirus carriage among wild carnivores. On a total of 100 mammals samples (dogs, cats, foxes, wolves, jackals, skunks, bats, vampires or blood-sucking bats) analyzed by the Bionote methods and immunofluorescence at the Central Veterinary Diagnostic Laboratory (LCVD) in Conakry, the results of the analyzes carried out showed that all the brain samples did not carry traces of rabies virus antigens. Particular attention must be paid to the epidemiological surveillance of this zoonosis due to the fact that there are bats phylogenetically carrying Lyssavirus in certain localities visited.

Keywords: Rabies, Epidemiology, Tanks, wild carnivores, Middle Guinea.

INTRODUCTION

La rage est une infection zoonotique identifiée depuis des milliers d'année. Si de façon générale, la rage canine diminue, elle demeure la cause principale de 50 000 morts chaque année à travers le monde. La rage sauvage (silvatique) sévit dans plusieurs pays du monde, elle ne diminue qu'en Europe. Dans beaucoup de régions, de nouveaux *Lyssavirus* sont identifiés chez les chiroptères [1]. Après manifestation des symptômes, la maladie demeure presque toujours mortelle. Elle est un nystagmus pharyngé et laryngé à finalité mortelle dont les pathogènes responsables sont regroupés au sein du genre *Lyssavirus*. Elle est rencontrée dans les différents continents du monde excepté l'Antarctique [2].

Le virus de la rage fait partie de la famille des *Rhabdoviridae* qui ont pour caractéristiques de posséder comme génome un ARN monocaténaire non segmenté et de sens négatif. Il ne possède ni coiffe ni queue polyA. Ce microorganisme fait entre 130 et 300 nm de long pour un diamètre de 60 à 80 nm. Son génome a une longueur d'environ 12 kilobases. Il est composé de 5 gènes, séparés les uns des autres par de courtes séquences non codantes et terminées par un signal de polyadénylation [3].

Cent cinquante pays sont touchés par la rage, elle tue plus de 59 000 individus chaque année dans le monde entier, cependant cette mortalité est évaluée. Chaque année, 15 millions de personnes sont traitées avec le vaccin antirabique après contact ou exposition avec un animal suspect. En 1885, le vaccin produit par Pasteur a permis de traiter les personnes exposées avec un succès avoisinant 100 % [4]. La rage demeure dans les pays à revenu faible notamment en Afrique, en Asie avec 90 % des cas notifiés et au Sud de l'Amérique. La rage des chiens errants est la principale cause de la rage en Amérique du Sud et en Afrique, la rage des ratons laveurs et des chauves-souris vampires en Amérique et la rage des renards en Europe[5-8].

La rage peut être transmise par tous les mammifères comme les chats, les renards, les fennecs, les loups, les chacals, les chiens, les ratons laveurs, les chauves-souris, les chauves-souris vampires.

Les cycles épidémiologiques au nombre de 3 sont observés : la rage des animaux sauvages causée par le renard roux en Europe, la rage urbaine ou rage canine causée par les chiens errants dans les pays à revenu faible, par le raton laveur aux USA, l'ours en Roumanie, la mangouste en Afrique Australe, la moufette-putois en Arizona (USA).

En Amérique Centrale et du Sud (Brésil), la rage est provoquée par les chiroptères (vampires), en Australie par les chauves-souris frugivores et insectivores y compris le reste du monde[4].

Elle se transmet par les morsures, le léchage sur la muqueuse ou sur la peau (blessée ou excoriée), les griffures et la salive [9]. L'agent infectieux de la rage est apparenté à de nombreux virus, ils font partir de la famille des Rhabdoviridae et du genre *Lyssavirus* avec 7 génotypes [10].

La rage est l'une des maladies tropicales négligées, touchant pour la plupart les populations vulnérables vivant dans des zones rurales. La mort est irréversible une fois que les symptômes de la maladie apparaissent, chez les enfants en dessous de 15 ans, 4 décès sur 10 est enregistré surtout des garçons. Le virus se transmet par des chiens, mais peut aussi infecter les animaux domestiques et sauvages. Lors d'une égratignure ou d'une morsure, l'homme se contamine dans la majorité des cas par la salive des animaux infectés [5].

Le coût du traitement et de la prophylaxie après une exposition s'évalue à 40 dollars (US) en Afrique et à 49 dollars en Asie. Ce qui peut représenter financièrement une charge catastrophique pour les familles touchées, dont les revenus quotidiens moyens est environ 1 à 2 dollars par personne, ce qui fait de la rage un problème majeur de santé à résoudre obligatoirement [11].

L'OMS en 2015 s'est fixé un objectif mondial, consistant à ramener à zéro le nombre de décès humains lié à la rage urbaine à l'horizon 2030. L'atteinte de cet objectif, nécessitera le passage par des campagnes de sensibilisation et de vaccination canine à grande échelle, comme ça été le cas en Amérique depuis 1983 avec une décroissance de plus de 95 % de nouveaux cas de rage. Une autre voie serait de sensibiliser les populations exposées et de multiplier les études sur les réservoirs animaux dans les localités où sévit la rage [5].

En Guinée, malgré quelques campagnes d'élimination des chiens errants, on notait en 2008 que les groupes d'âge les plus touchées ont été respectivement celui des enfants d'âge inférieur à 15 ans avec 43,3 %, suivie de 15 à 30 ans (25,5 %) et 31,2 % pour la tranche supérieure à 30 ans ; parmi les animaux mordeurs 98 % étaient des chiens ; 54 % des cas de morsures sont causés par les chiens errants et 87,5 % des animaux mordeurs n'étaient pas vaccinés au vaccin antirabique[10,12].

Cette étude a visé de mettre en évidence le marqueur potentiel du virus de la rage chez les animaux sauvages en Moyenne Guinée.

Matériels et Méthodes

Zone de l'étude

Cette étude a été réalisée en Moyenne Guinée, une région naturelle de la république de Guinée. Elle correspond au massif montagneux du Fouta-Djalon, auquel il faut ajouter les plaines près de la frontière avec le Sénégal, entourées des derniers contreforts du massif. Elle constitue l'une des quatre « régions naturelles » du pays, régions qui ne correspondent pas au découpage administratif mais présentent une certaine unité géographique, climatique, ethnique ou linguistique. La Moyenne-Guinée est majoritairement peuplée de Peuls ; Labé est sa ville principale. L'étude a été menée dans toutes les préfectures qui la compose : Mamou, Dalaba, Pita, Labé, Tougué, Koubia, Lélouma, Mali, Gaoual et Koundara (cf. figure).

Les données ont été recueillies au niveau des structures administratives locales et auprès des services vétérinaires public et privé. Les groupements de chasseurs locaux ont aussi été mis à contribution.

Figure : carte de la zone d'investigation

Une enquête épidémiologique rétrospective des cas de rage humaine a été menée en amont dans les services d'épidémiologie et des services vétérinaires, y compris les cabinets vétérinaires privés de la zone avant l'étude proprement dite. Les données ont été collectées à partir des rapports d'enquête, des registres de consultation et des fiches de liaison des cas de morsures.

La conduite de l'étude a été aussi faite en collaboration étroite avec les experts du projet Renforcement des systèmes de Surveillance des Maladies en Afrique de l'Ouest « REDISSE-Guinée », de l'Institut Pasteur de Guinée, des cadres du LCVD de Conakry.

Méthodes

Collecte de données

Il a été procédé à une visite de terrain pendant laquelle les autorités préfectorales en charge de l'élevage et des eaux et forêts ont été consultés. A l'issue de cette étape, les sites de prélèvement ont été identifiés. L'étude a été réalisée ponctuellement selon la disponibilité des échantillons de chasse. Il a été effectué une étude prospective randomisée dans toute la zone ciblée sur le potentiel de portage du *Lyssavirus* au niveau des carnivores sauvages auxquels, il a été ajouté d'autres animaux potentiels réservoirs et vecteurs du virus de la rage.

Échantillonnage

Des campagnes de capture ont été réalisées en fonction de la présence des espèces ciblées entre juillet 2018 et juin 2019. Le procédé de collecte du bio-matériel a été celui par effet boule de neige. A partir d'un premier échantillon trouvé, il a été collecté d'autres suivant la disponibilité. La collecte a permis d'obtenir 153 échantillons. Cependant, notre étude n'a que retenu que 100, les 53 autres étaient des têtes écrasées au moment de la capture ou en état de putréfaction à cause de la rupture de la chaîne de froid. Cet échantillonnage a représenté 65,35 % du total des captures.

Identification du virus au laboratoire

Au Laboratoire, les cerveaux ont été récupérés pour un premier temps par séparation de la tête du reste du corps de l'animal. Dans un deuxième temps, il a été procédé à l'ouverture du crâne et à la récupération du bulbe, du cortex et de l'hippocampe. Ce bio-matériel a été conditionné pour des fins d'analyse.

Les échantillons ont été analysés par les méthodes Bionote [13,14] (test rapide pour la détection de l'antigène virale) / Rapid Test Kit (BIONOTE) Rabies Ag Test Kit, lot No. : 1801DD024 et à l'immunofluorescence / Conjugué anti-Nucleocapside rabique (lyophilisé absorbé (BIO RAD), lot. : 64150336 au Laboratoire Central Vétérinaire de Diagnostic (LCVD) de Conakry.

Espèces animales ciblées

L'étude a concerné des animaux comme : Chauves-Souris, Civette (*Civettictis civetta* Schreber, 1776), Babouin (*Papio* spp.), Hyènnes (*Hyaena hyaena* Linnaeus, 1758), Lièvre (Lepus spp.), Chacal (*Lupulella adustu*), Gros rats (*Rattus spp.),* Varans (*Varanus spp.),* Belette (*Mustela nivalis* Linné 1766).

Traitement de données

Le nombre d'échantillon obtenu a été additionné et placé dans un tableau selon le lieu de capture.

Résultats et Discussion

Dans l'ensemble, les 10 préfectures de la Moyenne Guinée ont été visitées et notamment, les zones d'habitation des carnivores localisées avant le début des prélèvements. La pré-enquête à travers les données des archives des services de santé vétérinaire et humaine ne mentionne aucun cas de rage dû à la morsure par des animaux sauvages. Pour les besoins du terrain, des chasseurs et des guides ont facilité l'accès aux sites de prélèvement et l'obtention des échantillons. La plupart des animaux ont été capturés à l'aide de pièges ou tués par fusil de chasse.

Un total de 100 têtes de carnivores sauvages, de singes et de chauves-souris a été collectée et expédié au laboratoire pour des fins d'analyse. Le Tableau 1, les résultats des analyses effectuées, ont montré que tous les échantillons de cerveaux prélevés ne portaient pas de traces d'antigènes du virus. Mais cela n'indique pas que le virus rabique ne circule pas dans la zone d'étude vu les limites de l'étude et à cause des limites des tests utilisés.

Tableau 1: Inventaire des échantillons disponibles pour le test au LCVD de Conakry

N°	Préfecture	Espèces animales	Nombre de d'échantillons analysés	Positif Bio-note	Positif Immuno-fluorescence
1	DALABA	Chauves-Souris (Chiroptera)	1	0	0
		Civette (*Civettictis civetta* Schreber, 1776)	2	0	0
		Chacal (*Lupulella adustus*)	2	0	0
		Gros rats (*Rattus rattus*)	5	0	0
2	LELOUMA	Chauves-Souris (Chiroptera)	2	0	0
		Civette (*Civettictis civetta* Schreber, 1776)	2	0	0
		Lièvre (*Lepus spp.*)	2	0	0
		Chacal (*Lupulella adustu*)	3	0	0
		Gros rats (*Rattus rattus*)	1	0	0
3	KOUBIA	Chauves-Souris (Chiroptera)	1	0	0
		Civette (*Civettictis civetta* Schreber, 1776)	2	0	0
		Babouin (*Papio spp.*)	4	0	0
		Gros rats (*Rattus rattus*)	1	0	0
		Varans (*Varanus spp.*)	1	0	0
		Belette (*Mustela nivalis* Linné 1766)	1	0	0
		Babouin (*Papio spp.* Desmarest, 1820)	3	0	0
		Gros rats (*Rattus rattus)*	5	0	0
		Varans (*Varanus exanthematicus*, Bosc, 1792)	2	0	0
5	GAOUAL	Chauves-Souris (Chiroptera),	6	0	0
		Babouin (*Papio spp.*)	2	0	0
		Gros rats (*Rattus rattus*)	2	0	0
6	PITA	Chauves-Souris (Chiroptera),	2	0	0
		Civette (*Civettictis civetta* Schreber, 1776	3	0	0
		Chacal (*Lupulella adustus*)	3	0	0
		Gros rats (*Rattus rattus*)	2	0	0
7	TOUGUE	Chauves-Souris (Chiroptera)	2	0	0
		Civette (*Civettictis civetta* Schreber, 1776)	1	0	0
		Gros rats (*Rattus rattus*)	6	0	0
		Belette (*Mustela nivalis* Linné 1766)	1	0	0
		Civette (*Civettictis civetta* Schreber, 1776)	2	0	0
		Babouin (*Papio spp.*)	3	0	0
		Lièvre (*Lepus spp.*)	1	0	0
		Chacal (*Lupulella adustus*)	2	0	0
		Gros rats (*Rattus rattus*)	1	0	0
		Ecureuil (Sciurus)	1	0	0
9	LABE	Chauves-Souris (Chiroptera)	2	0	0
		Civette (*Civettictis civetta* Schreber, 1776)	1	0	0
		Chacal (*Lupulella adustus*)	4	0	0
		Gros rats (*Rattus rattus*)	3	0	0
10	MAMOU	Chauves-Souris (Chiroptera)	2	0	0
		Civette (*Civettictis civetta* Schreber, 1776)	1	0	0
		Babouin (*Papio spp.*)	2	0	0
		Chacal (*Lupulella adustus*)	2	0	0
		Gros rats (*Rattus rattus*)	3	0	
TOTAL			**100**	0	0

Les résultats des analyses effectuées, ont montré que tous les échantillons de cerveaux prélevés ne portaient pas de traces d'antigènes du virus. Mais cela n'indique pas que le virus rabique ne circule pas dans la zone d'étude vu les limites de l'étude et à cause des limites des tests utilisés. Il est évident que dans plusieurs zones du monde, les individus sont contaminés suite à la morsure d'un chien infecté ou dans de très rares cas par des carnivores sauvages infectés. Des études antérieures, ont montré que le chien est considéré soit comme vecteur soit comme réservoir ; sans doute à cause, du fait que les individus contractent la rage souvent et uniquement après morsures de cet animal [2,9,10].

Pour confirmer ce fait, le laboratoire central vétérinaire de diagnostic (LCVD) de Conakry, a rapporté en 2018 que, sur 18 têtes de chiens suspects de rage analysées, un total de 5 échantillons se sont révélés positifs aux techniques suivantes : Bionote (test rapide pour la détection de l'antigène virale), immunofluorescence et à la RT PCR. Selon les données mentionnées dans ce rapport, tous les échantillons positifs et négatifs ayant été envoyés au laboratoire de référence de l'Istituto Zooprofilattico Sperimentale delle Venezie (IZSVe) de Padoue en Italie, pour confirmation et séquençage de la matière cérébrale de chiens positifs à la rage avec ciblage sur les gènes N et G. Les échantillons provenaient de la Moyenne Guinée dont 1 de la préfecture de Mali, 2 de Pita et 3 de Koundara et 1 de Dalaba. Dans le même temps, l'analyse des segments du gène de la nucléoprotéine et du gène de la glycoprotéine (G) a montré que les virus de la rage circulant en Guinée appartenaient à la lignée Afrique2 (aussi appelée Africa2), circulant dans la population canine d'Afrique centrale et occidentale [2,15].

Il est connu que le pathogène de la rage se perpétue dans 2 grands cycles naturels épidémiologiques, la rage canine et la rage sauvage. La rage des carnassiers sauvages est confirmée sur les 5 continents. Grâce à leur position insulaire et aux mesures sanitaires draconiennes à leurs frontières, seuls quelques pays sont préservés : îles de l'Australie, îles du pacifique, îles japonaises et britanniques. Les animaux sauvages contaminés n'hésitent pas à affronter les animaux et l'Homme. Ils pourront devenir ainsi agressifs, contaminant vis-à-vis des animaux domestiques et accidentellement l'Homme [12].

Les hommes en contact rare avec les animaux sauvages est un exemple épidémiologique moins dangereux de la rage sauvage. La situation reste obscure pour les animaux domestiques au pâturage qui sont attaqués et blessés des fois par le loup, le renard ou le chacal [2].

De par le polymorphisme clinique envisagé précédemment, le tableau clinique évocateur de rage dans des conditions épidémiologiques favorables ne permettent pas de diagnostiquer de manière certaine du vivant de l'animal. Seule une évolution à allure foudroyante avec paralysie progressive aura une forte valeur prédictive en matière de diagnostic. Le diagnostic certain doit obligatoirement se baser sur l'examen de laboratoire, et cela uniquement après la mort de l'animal, à travers la matière biologique du cortex, de l'hippocampe et du bulbe rachidien [16].

En effet, la rage fait partir des maladies zoonotiques majeure de santé publique due à un *Lyssavirus* transmis généralement par morsure ou griffure et dont le réservoir est entretenu par certains carnivores domestiques ou sauvages tels que le renard, le chien errant, etc. Les obstacles d'ordre structurel dans les pays d'endémie rabique, l'Organisation mondiale de la santé animale lutte déjà pour la mise en conformité des services vétérinaires de ces pays, avec des normes internationales (en matière des personnels para professionnels, de ressources, de législation, d'organisation, de structure, de compétences, de rôle du secteur privé) [4-6].

L'implication des pays limitrophes permettront de récompenser les efforts d'un pays également de façon active dans la lutte antirabique, on ne peut qu'encourager la régionalisation des programmes de lutte antirabique, ainsi que la réglementations sanitaires, l'actualisation et l'harmonisation des législations [17].

Les chauves-souris représentent le seul porteur autochtone du Rabdovirus en France métropolitaine. En Grèce en 2013, un cas de rage humaine a été notifié, le dernier date de 1970, dû à une réémergence chez les animaux en 2012-2013 [18].

En septembre 2016 en Belgique, un cas de rage autochtone a été identifié chez une chauve-souris. Cela constitue un problème à résoudre c'est-à-dire comment expliquer ces réémergences dans des localités où il y a un véritable système de surveillance de cette maladie [11].

Au Sud-Est de l'Asie, beaucoup de pays de la région OMS, ont engagé des campagnes d'élimination de la rage suivant l'objectif régional fixé à 2020. En 2010, le Bangladesh a lancé son premier programme d'élimination et, couplé à la prise en charge sanitaire des morsures par les chiens, la vaccination et une mise en disposition gratuite des vaccins. Les cas de décès associés à la rage humaine ont diminué entre 2010 et 2013 de 50 % [19].

En Amériques, depuis les années 1983, les pays de la région OMS, ont fait décroître les nouveaux cas de rage chez le chien de plus de 98 % et de 95 % chez l'homme. L'obtention de ce succès a été obtenu majoritairement grâce à la mise en œuvre de programmes et politiques efficaces basés sur des campagnes de vaccination canine, coordonnées au niveau régional, par une accessibilité généralisée de la prophylaxie après exposition et la sensibilisation du public [10].

De grands progrès ont été réalisés aux Philippines, où des études s'inscrivant dans l'initiative du projet de la Fondation Bill & Melinda Gates sous la direction de l'OMS, ont fourni des preuves qu'il est possible de diminuer le nombre de cas de rage humaine grâce à un ensemble d'interventions associant un accès facile à la prophylaxie PPE, la vaccination en masse des chiens, une sensibilisation du public et une surveillance accrue [12,20]. Au Sénégal, de nombreux cas de rage animale et humaine sont observées tous les ans ; cela a motivé des travaux de recherche par des vétérinaires [21]. Ainsi, une baisse régulière du taux de prévalence de la maladie a été observée en Europe. La France est déjà reconnue par exemple indemne de rage par l'OIE [19,20].

En Guinée, 7 994 personnes ont été sujet d'une agression par le chien de 2002 à 2012. Les hommes étaient les plus touchés avec 60,4 % des cas. Les enfants à l'âge de scolarisation étaient majoritairement touchés avec 36 %, suivi des menuisiers et des maçons (18 %). Le chien a été associé dans 98,8 % des cas d'agression. Parmi les chiens mordeurs (2 916 chiens) soumis à l'observation, 14 ont été diagnostiqués atteints de rage clinique [16].

La circulation du virus rabique ainsi prouvée, mérite de poser les bases d'une surveillance épidémiologique permanente sur la circulation du *Lyssavirus* en Moyenne Guinée et dans les autres localités de la Guinée.

CONCLUSION

Cette étude, menée de bout en bout dans les préfectures de la Moyenne Guinée, a permis de se pencher pour la première fois en Guinée sur la rage en milieu sylvestre. Tous les échantillons ont été négatifs vis-à-vis des tests utilisés. Les animaux qui ont fait l'objet de prélèvement n'avaient pas été suspectés de rage. Malgré ces faits et le faible échantillonnage, il faut affirmer, avec réserve, que l'agent responsable de la rage ne circule pas parmi les carnivores sauvages dans la zone d'étude. Une attention particulière doit être accordée à la surveillance épidémiologique de cette zoonose du fait qu'il est possible que des chauves-souris porteuses de façon phylogénétique du *Lyssavirus* viennent infecter celles des localités visitées. Il faut accepter le fait que l'utilisation des chiens de chasse en cas d'infection pourrait être une source de contamination de la maladie entre animaux domestiques et animaux sauvages.\

Conflits d'intérêts

Les auteurs déclarent que ce travail a été mené en l'absence de tout conflit d'intérêt potentiel.

Contributions des auteurs

AOSD, MG, BD et LK : conception du projet. LK et AOSD : recherche, analyse et rédaction du document. LK, GM, SC, et NK : collecte des échantillons. YS, AOSD : révision critique du contenu du document.

Remerciements

Nous tenons à remercier le projet de Renforcement des systèmes de Surveillance des Maladies en Afrique de l'Ouest « REDISSE-Guinée » qui a soutenu et financé les travaux de recherche de ce projet. Nous remercions également l'Institut Supérieur des Sciences et de Médecine Vétérinaire (ISSM) de Dalaba, qui a servi de la mise en œuvre de ce travail.

BIBLIOGRAPHIE

[1] Rotivel Y, Goudal M. La rage : nouveaux aspects d'une vieille maladie. Antibiotiques 2006;8:114–22. https://doi.org/10.1016/S1294-5501(06)70810-X.

[2] Abetti P, Bossi A, Fabbri T, Weimer LE, Gibertini W. Rabies infection: epidemiology and prophylaxis. Clin Ter 2001;152:123–9.

[3] Virus de la rage. Wikipédia 2024.

[4] Bourhy H, Dacheux L, Strady C, Mailles A. Rabies in Europe in 2005. Euro Surveill Bull Eur Sur Mal Transm Eur Commun Dis Bull 2005;10:213–6.

[5] Savadogo M, Boushab MB. La rage chez l'enfant: un risque encore méconnu des populations exposées. Médecine Santé Trop 2015;25:222–4. https://doi.org/doi:10.1684/mst.2015.0449.

[6] Artois M. [Le rôle des espèces sauvages ou domestiques dans la rage vulpine en Europe]. Rev Sci Tech Int Off Epizoot 1985;4:273–85. https://doi.org/10.20506/rst.4.2.202.

[7] Tiembré I, Aka-Kone DMB, Konan YE, Bénie Bi Vroh J, Ekra KD, Dagnan NS, et al. Observance du traitement vaccinal antirabique chez les sujets exposés à la rage à Abidjan (Côte d'Ivoire). Santé Publique 2009;21:595–603. https://doi.org/10.3917/spub.096.0595.

[8] Aubry P. Rage Actualités 2022. Thèse. Centre René Labusquière, Institut de Médecine Tropicale, Université de Bordeaux, 33076 Bordeaux, 2023.

[9] Crepin P, Audry L, Rotivel Y, Gacoin A, Caroff C, Bourhy H. Intravitam diagnosis of human rabies by PCR using saliva and cerebrospinal fluid. J Clin Microbiol 1998;36:1117–21. https://doi.org/10.1128/JCM.36.4.1117-1121.1998.

[10] Goehringer F, May T. Infections à la suite de morsures et griffures. EM-Consulte n.d. https://www.em-consulte.com/article/978856/infections-a-la-suite-de-morsures-et-griffures (accessed November 11, 2023).

[11] OMS. Principaux repères de l'OMS sur la rage n.d. https://www.who.int/fr/news-room/fact-sheets/detail/rabies (accessed November 11, 2023).

[12] WHO Expert Consultation on rabies. World Health Organ Tech Rep Ser 2005;931:1–88, back cover.

[13] Madhusudana SN, Subha S, Thankappan U, Ashwin YB. Evaluation of a direct rapid immunohistochemical test (dRIT) for rapid diagnosis of rabies in animals and humans. Virol Sin 2012;27:299–302. https://doi.org/10.1007/s12250-012-3265-6.

[14] Markotter W, York D, Sabeta CT, Shumba W, Zulu G, Le Roux K, et al. Evaluation of a rapid immunodiagnostic test kit for detection of African lyssaviruses from brain material. Onderstepoort J Vet Res 2009;76:257–62. https://doi.org/10.4102/ojvr.v76i2.50.

[15] LCVD C. LCVD Rapport 2018. Conakry: Direction Nationale des Services Vétérinaires (DNSE); 2018.

[16] Youla AS, Traore FA, Sako FB, Feda RM, Emeric MA. La rage canine et humaine à Conakry : aspects épidémiologique et prophylactique. Bull Société Pathol Exot 2014;107:18–21. https://doi.org/10.1007/s13149-013-0321-x.

[17] Rotivel Y, Goudal M. La rage: nouveaux aspects d'une vielle maladie. Antibiotiques 2008;8:114–22.
[18] Hance P, Garnotel E, Morillon M. [Chiroptera and zoonosis: an emerging problem on all five continents]. - Abstract - Europe PMC n.d. https://europepmc.org/article/med/16775933 (accessed November 14, 2023).
[19] Mallewa M, Fooks AR, Banda D, Chikungwa P, Mankhambo L, Molyneux E, et al. Rabies Encephalitis in Malaria-Endemic Area, Malawi, Africa. Emerg Infect Dis 2007;13:136–9. https://doi.org/10.3201/eid1301.060810.
[20] OIE (2011) Terrestrial Animal Health Code. 20th Edition, 73-76. - References - Scientific Research Publishing n.d. https://scirp.org/reference/referencespapers.aspx?referenceid=2410137 (accessed November 14, 2023).
[21] Migan AG. Contribution à l'étude de l'épidémiologie de la rage au Sénégal au cours de la période de 1996 à 2005. Université Cheikh Anta Diop de Dakar / Ecole Inter-Etats des Sciences et Médecine Vétérinaires (E.I.E.S.M.V), 2007.

SÉROPRÉVALENCE ET FACTEURS DE RISQUE DE LA TOXOPLASMOSE CHEZ LES CARNIVORES DOMESTIQUES ET LES FEMMES EN CONSULTATION PRÉNATALE DANS LA ZONE MINIÈRE DE BOKÉ, RÉPUBLIQUE DE GUINÉE
(Titre abrégé : Zoonoses parasitaires)

Yacouba KONATE,
Assistant, Institut Supérieur des Sciences et de Médecine Vétérinaire (ISSMV) de Dalaba, BP09, République de Guinée, konateyacouba300@yahoo.fr

Lancéï KABA*,
Maître Assistant du CAMES, Institut Supérieur des Sciences et de Médecine Vétérinaire (ISSMV) de Dalaba, BP 09, Dalaba, République de Guinée, lancekaba@yahoo.fr

Alpha Oumar Sily DIALLO,
Professeur des Universités, Institut Supérieur des Sciences et de Médecine Vétérinaire (ISSMV) de Dalaba, BP 09, Dalaba, République de Guinée

Mamadou Fodé CAMARA,
Assistant, Institut Supérieur des Sciences et de Médecine Vétérinaire (ISSMV) de Dalaba, BP 09, Dalaba, République de Guinée

Youssouf SIDIME,
Professeur des Universités, Centre de Recherche pour Valorisation de l'Invention/Innovation Scientifique et Technologique (CREVIST), République de Guinée

Résumé : Ce travail avait pour objectif de décrire la situation épidémiologique de la toxoplasmose chez les chiens et chats ainsi que chez les femmes en consultation prénatale dans la zone minière de Boké (République Guinée) durant la période de mars 2019 à mai 2022. Pour sa réalisation, nous avons prélevé 180 échantillons de sang de chiens, 106 échantillons de sang de chats et 320 échantillons de sang de femmes ont été analysés avec un Kit d'extraction et d'amplification en temps réel de l'ADN de *T. gondii* (PCR). Les résultats indiquent des prévalences de 55,31 % (177/320) chez les femmes en consultation

prénatale, 42,77 % (77/180) chez les chiens et en fin, 51,88 % chez les chats. Aucune association n'a été trouvée entre les variables (âge, sexe, type d'animaux, etc.) et la positivité trouvée chez les femmes et les carnivores domestiques animaux échantillonnés.
Mots-clés : Carnivores domestiques, femmes en consultation prénatale, Toxoplasma gondii ; Toxoplasmose, Facteurs de risqué, Boké, Guinée
Abstract: The aim of this study was to describe the epidemiological situation of toxoplasmosis in domestic carnivores and women undergoing prenatal consultation in the mining area of Boké (Republic of Guinea). Thus, 180 dog blood samples, 106 cat blood samples and 320 blood samples from women attending prenatal consultations were analyzed with a real-time T. gondii DNA extraction and amplification kit (PCR). The results indicate prevalences of 55.31 % (177/320) among women attending prenatal consultations, 42.77 % (77/180) among dogs and finally, 51.88 % among cats. No association was found between the variables (age, sex, type of animals, etc.) and the seroprevalence of Toxoplasma gondii among women attending prenatal consultations and domestic animals sampled.
Keywords: Domestic carnivores; women in prenatal consultation; Toxoplasma gondii; Boké; Guinea.

INTRODUCTION

La toxoplasmose est une protozoose dû à *Toxoplasma gondii* qui frappe généralement les carnivores sauvages, domestiques et l'homme et caractérisé au plan clinique par des avortements. Actuellement, 7 à 80 % de la population mondiale sont affectés et le pourcentage diffère d'un pays à l'autre suivant des groupes ethniques, des habitudes culinaires et des conditions d'hygiène. En Amérique du Nord, en Grande Bretagne, en Scandinavie et en Asie du Sud- Est, le taux de personnes atteintes est moins de 30 %. En France, ce taux a été élevé depuis des années, 82 % en 1960, puis a diminué à 44 % en 2003 [1] et [2].

En Afrique, la prévalence de la maladie est de 30 à 60 % chez les femmes enceintes et de 20 à 55 % chez les animaux domestiques. A Dakar, la séroprévalence de la toxoplasmose est de 44,4 % chez les femmes enceintes et de 67 % chez les chiens [3].

En Guinée, la situation de la toxoplasmose est peu connue. En effet, il n'existe pas de statistique de la maladie au plan national. Il a été démontré que le taux de positivité serait de 73 % chez les femmes enceintes, 51,4 % chez les chiens et 51,5 % chez les chats à Coyah [4].

En plus les facteurs de risques énumérés plus haut sont fréquents en Guinée, ce qui laisse croire que cette pathologie pourrait exister sur le territoire surtout dans les zones minières qui offrent plus de conditions propices au développement du parasite responsable de la maladie. C'est en tenant compte de toutes ces réalités que nous avons jugé utile de mener cette étude qui a pour objectif général de décrire l'épidémiologie de la toxoplasmose au niveau des sujets d'étude.

MATÉRIEL ET MÉTHODES

Période et zone d'étude

Ce travail s'est déroulé pendant 3 ans (2018-2021 à Boké (**Figure 1**) à 300 km de la capitale Conakry au Nord de la Guinée. Cette localité dispose d'une superficie de 11 053 km^2 avec une population de 481 007 habitants et une densité de 44 habitants au km^2 [RGPH, 2012]. Elle est comprise entre 10° 56′ 28″ nord et 14° 17′ 54″de latitude ouest avec un climat tropical. La température moyenne par an est de 27, 4 °C. La précipitation moyenne de l'année est de 2480 mm. Le lieu d'étude est situé en Guinée maritime et est limité au Nord par la Guinée-Bissau, au Nord-Ouest par la préfecture de Gaoual, à l'Ouest par celle de Télimélé, au Sud par Boffa et à l'Ouest par l'océan Atlantique.

Figure II : Préfecture de Boké

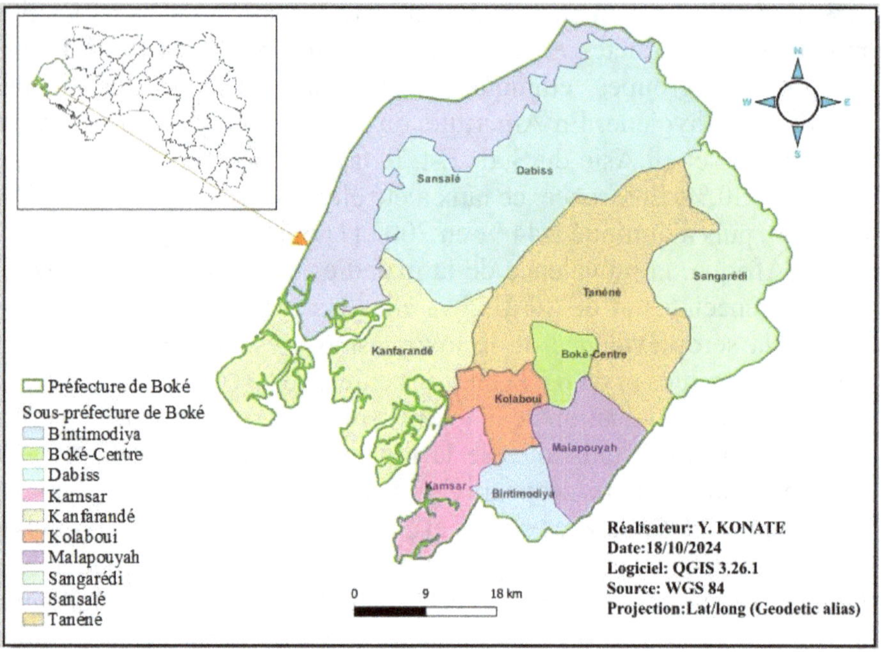

Matériel animal et population cible

L'étude a porté sur trois espèces : 180 chiens, 106 chats et les 320 femmes enceintes. Les populations sources sont constituées par les femmes enceintes et les carnivores domestiques (chiens et chats).

Matériel de laboratoire

Le matériel qui nous a servi au traitement, à la conservation et à l'analyse des échantillons de sang était formé : d'un Thermocycler, de 5 Micropipettes de précision, de 5 boites d'embouts à usage unique, d'une centrifugeuse, d'un agitateur, de 2 plaques, de 3 boites de tubes de prédilution et d'un kits *PCR* pour le dosage des anticorps toxoplasmiques chez les femmes enceintes et chez les animaux.

Méthodes

Description de l'étude

Population et échantillon

Au total, 320 femmes ont été prélevées à l'hôpital préfectoral de Boké et dans les centres de santé des différentes localités investies.

Chez les animaux, les prélèvements ont été faits au niveau de la veine fémorale interne et chez les femmes enceintes, la prise sanguine (pli du coude) ainsi que son traitement ont été faits par les médecins en charge des Centres de Santé.

Chez les chiens et les chats, les prélèvements ont été faits au niveau de la veine fémorale interne Une fois recueilli, les sérums étaient placés sous froid dans une glacière et acheminés au laboratoire pour des fins d'analyse.

Echantillonnage

Notre population d'étude était constituée des femmes en consultation prénatale prélevées à l'hôpital préfectoral de Boké et dans les centres de santé des différentes localités investies. Ces centres ont été choisis pour leur taux de fréquentation élevé et leur rayon d'action étendu. La population animale était représentée par des chiens et chats de cette même zone d'étude.

L'échantillonnage a été de type aléatoire simple et la taille de l'échantillon (n) a été calculée grâce à la méthode de Schwartz (Françoise, 2016) selon l'équation (1).

$$N = \frac{t^2 * P\,(1 - P)}{m^2} \quad (1)$$

N : Taille de l'échantillon requise
t: risque d'erreur à 95 % (1,96)
p : Prévalence attendue ou la moyenne des prévalence hospitalières (….. %)
m : Marge d'erreur (5 %).

Pour la collecte des données relatives aux sujets de l'étude, des questionnaires bien structurés ont été élaborés à cet effet.

Chez les femmes, la prise sanguine (pli du coude) ainsi que son traitement ont été faits par les médecins en charge des Centres de Santé.

Connaissant le nombre approximatif des carnivores : chats (18 205) et chiens (21 300) (DPEC, 2012), le nombre de sujets d'étude a été déterminé à l'aide du logiciel Win épiscope 2.0 avec une précision de 5 %. Les prévalences de référence ont été celles de Bamako faute d'existence de données relatives à la maladie en République de Guinée. Ces prévalences sont respectivement de : 7,30 % chez les chiens et 7,50 % chez les chats [5]. Ainsi, 180 chiens et 106 chats ont été échantillonné pour l'étude. Quant aux femmes en consultation prénatale, 320 ont été prélevées avec leur consentement.

Méthodes de laboratoire

Au laboratoire, le test utilisé pour détecter les sujets positifs dans les échantillons de sang des chiens, chats et femmes a été le test PCR en temps réel.

RÉSULTATS

Dans l'objectif d'identifier les facteurs auxquels serait liée la positivité chez les humains, une analyse a été faite. Les résultats obtenus à l'issue de cette investigation sont consignés dans le Tableau 1.

Tableau 1 : Facteurs de risque associés à la toxoplasmose chez les femmes en CPN à Boké

Facteurs de risque	Séroprévalence						
		Effectifs	**N**	**(%)**	**P**	**OR**	**IC (95 %)**
Chat dans la maison	Oui	80	55	68,75	0,003	1,74	0,24-2,24
	Non	240	122	50,83			
Chien dans la maison	Oui	152	96	63,15	0,50	1,75	0,33-9,30
	Non	168	81	48,21			
Maternité	Primipare	130	55	42,30	0,51	NC	NC
	Multipare	190	122	64,21			
Scolarité	Non scolarisée	108	53	49,07	0,002	1,81	0,65-5,01
	Scolarisée	212	124	58,49			
Consommation d'eau	Eau de robinet	217	111	51,15	0,26	NC	NC
	Eau minérale	20	07	35,00			
	Eau de puit	140	59	42,14			
Consommation de lait cru	Oui	303	171	56,43	0,14	0,50	0,19-1,26
	Non	17	06	35,29			
Consommation de viande	Bien cuite	276	151	54,71	0,61	0,64	0,11-3,56
	Peu cuite	44	26	59,09			

N : nombre ; **p :** p-value ; **OR** : Odd ratio ; **IC** : Intervalle de confiance ; NC : Non calculable

De ce Tableau 1, on remarque que la présence du chat dans la maison et la scolarité apparaissent comme des facteurs de risque avec une valeur d'Odd ratio (Odd ratio = 1,74) supérieure à 1. Pour le cas de la scolarité, on note aussi que (Odd ratio = 1,81) supérieure à 1 et les forces d'association entre ces facteurs et la séropositivité restent très significatives car les valeurs de la (p-value = 0,003) et (p-value = 0,002) sont respectivement inférieures à 0,005. Cette situation concorde avec les données de la littérature car le chat étant le principal animal réservoir et distributeur du parasite dans la nature, sa présence dans un milieu est indiquée par plusieurs auteurs comme un facteur de risque potentiel ; cela est de même que le niveau de scolarité. Lors de cette étude, il a été constaté la présence des chats dans plusieurs ménages où les humains partagent les mêmes espaces de vie que ces carnivores domestiques.

Figure 1 : Séroprévalence globale de la maladie chez les femmes enceintes à Boké

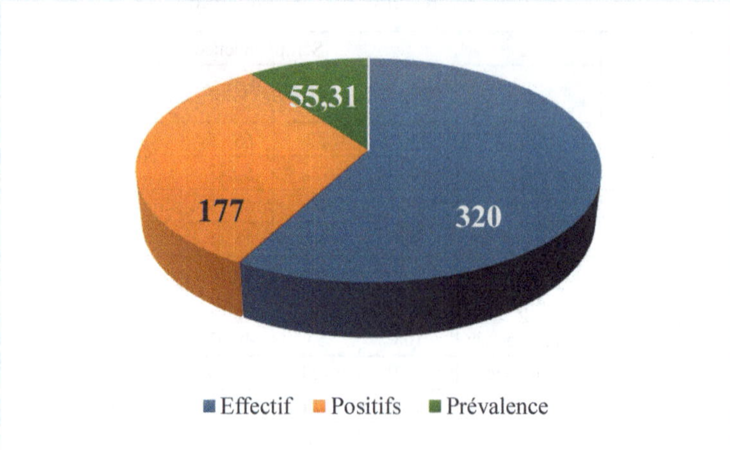

La lecture de cette figure indique que sur les 320 femmes en consultation prénatale ayant été enquêtées lors de cette étude, 177 se sont révélées positives avec une prévalence globale de 55,31 %.

Figure 2 : Séroprévalence globale de la toxoplasmose chez les chiens à Boké

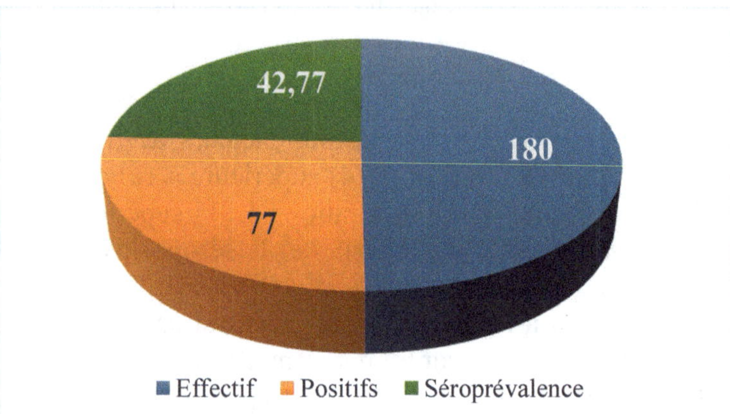

L'analyse de cette figure indique que sur les 180 chiens testés, 77 se sont révélés positifs avec une prévalence globale de 42,77 %.

Cette proportion des chiens porteurs du parasite n'est pas négligeable. Et cet état de fait est un signal fort pour les responsables en charge de la santé animale et humaine de Boké pour prendre toutes les mesures afin de pallier à tout risque de contamination entre ces chiens et les personnes avec lesquelles ils partagent le même environnement. A cela, il faut ajouter que la détection d'un tel taux d'infestation des chiens témoignerait l'existence des conditions du milieu favorables au maintien de la maladie à Boké.

Figure 3 : Séroprévalence globale de la toxoplasmose chez les chats à Boké

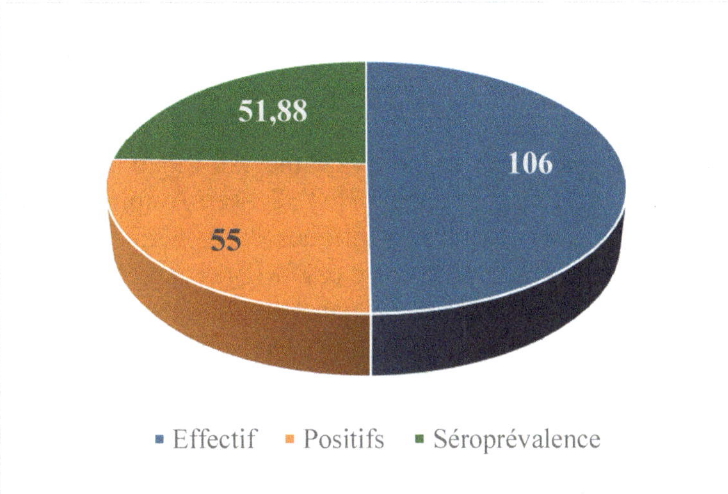

L'analyse de cette figure montre que la prévalence chez les chats est élevée (51,88 %) que celle des chiens. Le chat étant l'hôte définitif et jouant un rôle primordial pour la propagation du parasite dans le milieu extérieur, on pourrait affirmer alors sans risque de se tromper que les personnes vivant avec les chats détectés positifs seraient hautement exposées sinon infestées à Boké. Cette situation doit interpeler les autorités concernées pour la mise en place des voies et moyens qu'il faut pour éviter l'aggravation rapide du niveau d'exposition et protéger ainsi les personnes à risque.

Discussion

La séroprévalence toxoplasmique globale a été de 55,31 %±8,7 à Boké. Ce résultat est supérieur à ceux trouvés respectivement par Mariam Traoré (35,4 %) à Bamako en 2019, par Bamba et al., (31,9 %) en 2013 au Burkina Faso, Boukaïs Feriel (42,36 %) en 2018 au Maroc. Cependant, notre résultat reste proche de celui obtenu par Elvis Chongsi Wam et Leonard Fonkeng Sama qui est de 54,5 % au Cameroun en 2016 et presque identique à celui obtenu par Wilking H. et al. en 2016 en Allemagne (55 %).

Par ailleurs, la prévalence de 55, 31 % trouvée lors de ce travail, demeure inférieure à celles trouvées au Gabon (71,2 %) par [6] et par Georgios Pappas et *al*., en 2009 au Liban qui est de 80 %.

En comparant nos résultats à ceux des pays d'Afrique de l'Ouest (18-78 %), du Centre (20-71,2 %) et du Nord (32-51,5 %), nous constatons que la plupart reste inférieure à notre résultat (55,31 %±8,7).

En France, le pourcentage de personnes malades demeure 37 %[13].

Aux États-Unis, chez les femmes enceintes 9,1 % [14]. Au moyen orient, le taux de sujets positifs est variable. Au Liban la prévalence est de 80 % [12]; 46.20 % au Yémen [7] et 38 % en Arabie Saoudite [10].

La positivité dans les pays asiatiques est généralement basse, au niveau de la Corée, elle oscille entre 0,8 % [8] et 10,6 % en Chine [15]. Ceci peut être expliqué largement par les habitudes alimentaires et la présence ou l'absence des félidés dans l'environnement.

La prévalence élevée à Boké pourrait être liée aux conditions climatiques et aux habitudes alimentaires. En effet, à Boké on note une humidité élevée (50-76 %) et une chaleur propice au maintien des ookystes dans le sol. Cette caractéristique climatique déclenche la sporulation rapide et complète des ookystes. Cette réalité climatique expliquerait la prévalence élevée à Boké. Une autre raison serait aussi la défaillance dans l'application des règles d'hygiènes alimentaires par les populations de cette localité.

Chez les femmes, on a noté une prévalence de 55,31 % soit 177/320 échantillons. Ce taux est supérieur à celui de Dajem et al. Chez qui 56 cas sur 137 étaient positifs soit 41 % en 2012 en Arabie saoudite. Lors de l'étude menée au nord de la Tunisie, Ben Abdallah et al. ont notifié 45,6 % en 2010 chez des femmes enceintes. Notre résultat n'est pas similaire à celui de Nimri et al. qui ont enregistré 13,5 %. La non concordance entre nos résultats et ceux des autres serait liée à la différence entre la taille des échantillons.

La prévalence de (55,31 %) révélée par la technique de la PCR est plus élevée que celle de (20,31 %) obtenue avec la technique ELISA. Ce résultat est égale à celui de Dajem et al., en 2012 en Arabie Saoudite qui ont notifié respectivement 41 % et 38,6 % des patients avec des tests différents. Au cours d'une autre étude faite en 2009 par Nagaty et al. Chez des mères et leurs nouveaux nés la technique de la PCR avait détecté une prévalence de 32,85 % (23/70 sujets) par rapport aux tests ELISA qui a révélé 25,71 % (18/70). La prévalence toxoplasmique chez les chiens a été de 42,77±9,6. Ce résultat est inférieur à celui de Coulibaly, (2012) à Dakar (43,9 %) et supérieure à celui de [7]. au

Nigéria (25 %). Par contre, des prévalences supérieures à la nôtre ont été observées au Sénégal par [8] à Saint Louis (68 %±9,1) et à Kaolack (58 %±9,7). Cette variation des prévalences serait due aux différences entre les conditions environnementales, au mode d'échantillonnage et à la différence des tests sérologiques utilisés. Plusieurs travaux réalisés témoignent la variabilité de la séropositivité dans le monde. En effet, [13] au Mali, [10] en Thaïlande, [6] au Gabon et [8] au Sénégal (Saint Louis) ont obtenu respectivement des prévalences de 7,3 % ; 9,4 % ; 55,9 % et de 68 %. La présence des anticorps anti-*Toxoplasma gondii* chez les chiens à Boké apparait comme un témoin d'une charge parasitaire environnementale élevée. La prévalence de 51,88 %±9,8 a été notée chez les chats à Boké contre 24 % [11] ; 26,66 % [9] à Dakar et 43,1 % [12] en France. Les conditions environnementales de Boké pourraient aussi expliquer cette prévalence élevée dans notre étude. En effet, les conditions hygiéniques sont mauvaises à Boké et la majorité des déchets solides est déversée dans les zones périphériques et aux lisières de la ville. Ces immondices sont les lieux de prédilection des chats ; ceci expliquerait pourquoi la séroprévalence est élevée chez les chats à Boké. Aussi, les contacts étroits entre les chats et les ovins domestiques contribueraient à la contamination des chats.

CONCLUSION

Les résultats obtenus lors de ce travail attestent que la toxoplasmose évolue dans la zone de Boké chez les sujets de l'étude. Pour les analyses de laboratoire, deux techniques ont été utilisées à savoir les techniques de la PCR et de l'ELISA. La PCR a révélé plus de cas positifs que la technique ELISA. Malgré la prévalence élevée et les incidences pathologiques, cette parasitose n'est pas diagnostiquée ni traitée et les mesures prophylactiques ne sont pas appliquées.

Il ressort de ces travaux que le non suivi des carnivores domestiques, l'insuffisance de la couverture sanitaire, les habitudes alimentaires et le non-respect des conditions d'hygiène sont à la base de la prolifération et de la propagation des toxoplasmes agents responsables de cette pathologie dans la région de Boké. Ainsi, il serait mieux de réaliser d'autres études plus approfondies à fin d'avoir une appréhension plus large sur la situation de la toxoplasmose à Boké.

Conflits d'Intérêts

Les auteurs déclarent que ce travail a été mené en l'absence de tout conflit d'intérêt potentiel.

BIBLIOGRAPHIE

[1] Felidj Farah, Meziane Meriem, 2016.- Séroprévalence de la toxoplasmose chez la femme enceinte diagnostiquée : Thèse : Algérie : faculté de Médecine : 23-27. au CHU Tlemcen

[2] Georgopoulou E, Liakou V, Giannakopoulou C, Koumantakis E, Tselentis Y, 2004.- Incidence of toxoplasmosis in 5,532 pregnant women in Crete, Greece : management of 185 cases at risk. Eur J Obstet Gynecol Reprod Biol 117: 138–143.

[3] Aurelien, D., 2005. -Contribution à la détection de *Toxoplasma gondii* dans l'environnement et dans des réservoirs animaux : *Thèse : Parasitologie : Limoges : (Faculté de Médecine)* ; 32-36.

[4] Konaté, Y., M. Keyra, A. O. S. Diallo, O. B. Gbati, L. J. Pangui, et S. Youssou. 2018. « Seroprevalence and risk factors of toxoplasmosis in domestic carnivores, sheep and women inprenatal consultation in the city of Coyah (Republic of Guinea) ». In *Medicină veterinară*, 49:122-30.

[5] Bamba S., Faye B., Tarnagda Z., Boly N., T. Guigemde et Villena i., 2012.- Séroprévalence de la toxoplasmose chez les ovins à Bobo Dioulasso, Burkina Faso. *Rev. Elev. Méd. vét. Pays trop.*, 65 (3-4): 63-66.

[6] Nabias R., Ngouamizokou A., Migot-Nabias F., Mboumitsimbi R.A. Et Lansoud-Soukate J., 1998.-Enquête sérologique sur la toxoplasmose chez les consultantes du centre de P. M. I. de Franceville (Gabon).*Santé Publique* : 1-3.

[7] Kamani J., Aliyu U. et Hussaini A. K, 2010.- Serosurvey for *Toxoplasma gondii* in dogs in Maiduguri, Borno State, Nigeria *J. Infect. Dev. Ctries.*, 4(1): 016-018.

[8] Kamga-Waladjo A.R., Allanonto V., Gbati Oubri B., Kone Philippe S., Adje Koffi Jean F., Coulibaly Fatoumata, Ndour Andree P.N., Efoua-Tomo Natacha, Kante Saly, Syll Mamoud, Mime Papa I., Bakou Serge N., Diop Bernard M., Diop Papa E.H. et Pangui Louis J., 2013- Seroprevalence of *Neospora caninum* and *Toxoplasma gondii* in dogs and risk of infection of dogs and women in the city of Saint Louis, Senegal. *Sci. Parasitol.*, 14 (3): 129-137.

[9] Gbati O.B., Kone P., Kamga Waladjo A.R., Mahamat Salle I., Akakpo A.J. et Pangui, L.J., 2010.-Prévalence de la toxoplasmose chez les chats et les femmes enceintes dans cinq quartiers de Dakar au Sénégal. In : « XIVème édition des Journées Scientifiques Internationales de Lomé-République Togolaise » Lomé, 25-29 Octobre 2010.

[10] Jittalapong S., Nimsupan B. et Pinyopanuwat N., 2007.- Seroprevalence of *Toxoplasma gondii* antibodies in stray cats and dogs in the Bangkok metropolitan area, Thailand: *Veterinary Parasitol.*, 145: 138-141.

[11] Ben Abdallah R, Siala E., 2013.-Dépistage de la toxoplasmose materno-fœtale : étude des cas suivis à l'Institut Pasteur de Tunis (2007–2010).Bulletin de la Société de pathologie exotique 2013;106(2): 108-112.

[12] Cabannes A., Lucchese F., Hernandez J.C., Pelse H., Biesel N., Eymonnot M., Appriou M. et Tribouley-Duret J., 1998.-Enquête séroépidémiologique sur *Toxoplasma gondii* chez les ovins, bovins et félins dans le département de la Gironde. *Bull. Soc. Franç Parasitol.*, 15:11-22.

[13] Maiga P., Kiemtore A. et Tounkara A., 1984.- Prévalence des anticorps antitoxoplasmiques chez les malades atteints du syndromes d'immuno-déficience acquise et les donneurs de sang à Bamako. *Bull. Soc. Pathol. Exot.,* 94 : (3) : 26*8-270.*

[14] Francois Peyron, 2017-Congenital Toxoplasmosis in France and the United States: One Parasite, Two Diverging Approaches.

[15] Ruo-Lan Jianga ; Ling-Hui Ma Zhen-Rong Ma· Guangyu Hou· Quan Zhao et Xiang Wu· 2018- Seroprevalence and associated risk factors of Toxoplasma gondii among Manchu pregnant women in northeastern China.

EVALUATION PRÉLIMINAIRE DES HYBRIDES DE SORGHO *(SORGHUM BICOLOR)* POUR LEUR TOLÉRANCE À LA SÉCHERESSE POST-FLORALE DANS DEUX ENVIRONNEMENTS AU MALI

(Titre abrégé : Evaluation préliminaire des hybrides de sorgho)

Yacouba KANE,
Assistant de recherche au Programme Sorgho, volet selection,
Institut d'Economie Rurale de Sotuba, Rue Mohamed V, BP : 258, Bamako,
République du Mali

Diawadou DIALLO*,
Professeur des Universités, Département Agriculture,
Institut Supérieur Agronomique et Vétérinaire Valery Giscard d'Estaing de Faranah
(ISAV-VGE/F), BP : 131 Faranah, République de Guinée,
diallodiawadou@yahoo.fr

Abdoulaye DIALLO,
Chargé de recherche, Institut d'Economie Rurale de Sotuba,
Rue Mohamed V, BP 258, Bamako, République du Mali

Résumé : Au Mali, le Sorgho constitue l'aliment de base de plus de 80 % de la population. Cependant son rendement reste faible suite à diverses contraintes dont l'effet de la sécheresse post-florale. C'est pourquoi de nouveaux hybrides de sorgho ont été développés possédant le caractère « stay green ». L'objectif de cette recherche est d'évaluer l'aptitude des hybrides de sorgho tolérants à la sécheresse post-florale pour améliorer la sécurité alimentaire et le revenu des paysans en zone sahélienne du Mali. L'étude a été menée en 2021 à la station de recherche agronomique de Sotuba à forte pluviométrie et à la sous-station de Kolombada à faible pluviométrie. Vingt-quatre hybrides, étaient comparés à 2 témoins dans un dispositif Alpha lattice à trois répétitions. L'analyse a montré une différence significative entre eux pour le délai semis 50 % épiaison, la hauteur des plants, le nombre de feuilles vertes à la maturité physiologique, le nombre de grains par panicule, le poids de 1000 grains et le rendement. Trois hybrides (IER-

TSR- 021-MLT-ACPS-2, IER-TSR- 021-MLT-ACPS-1, IER-TSR-021-MLT-ACPS-6) ont été les plus précoces_(86 jours) à Sotuba et à Kolombada. La hauteur des plants a été de 282,5 cm à Sotuba et de 206 à cm à Kolombada. Le nombre de feuilles vertes à la maturité physiologique a été de 8 à Sotuba et de 6 à Kolombada. A Sotuba le rendement grain moyen a été de 3 299,5 kg/ha et de 1 790,5 kg/ha à Kolombada. L'indice de sensibilité variétale à la sècheresse post florale a varié de 35 % à 90 %. Cinq hybrides ont affiché les meilleures valeurs de l'indice de sensibilité variétale à la sécheresse post florale (Isv= 72 % à 90 %). Le poids de 1000 grains a varié de 14,54 à 20,05 g à Sotuba et de 14,15 à 18,18 g à Kolombada.

Mots-clés : Hybrides, sorgho (*Sorghum bicolor*), tolérance, sècheresse post-florale, zone sahélienne.

Abstract: In Mali, Sorghum constitutes the staple food of more than 80 % of the population. However, its yield remains low following various constraints including the effect of post-floral drought. This is why new sorghum hybrids have been developed with the "stay green" trait. The objective of this research is to evaluate the suitability of sorghum hybrids tolerant to post-floral drought to improve the food security and income of farmers in the Sahelian zone of Mali. The study was carried out in 2021 at the Sotuba agronomic research station with high rainfall and at the Kolombada substation with low rainfall. Twenty-four hybrids were compared to 2 controls in an Alpha lattice device with three repetitions. The analysis showed a significant difference between them for the sowing time 50 % heading, the height of the plants, the number of green leaves at physiological maturity, the number of grains per panicle, the weight of 1000 grains and the yield. Three hybrids (IER-TSR- 021-MLT-ACPS-2, IER-TSR- 021-MLT-ACPS-1, IER-TSR- 021-MLT-ACPS-6) were the earliest (86 days) in Sotuba and in Kolombada. The height of the plants was 282.5 cm in Sotuba and 206 cm in Kolombada. The number of green leaves at physiological maturity was 8 in Sotuba and 6 in Kolombada. In Sotuba the average grain yield was 3,299.5 kg/ha and 1,790.5 kg/ha in Kolombada. The varietal sensitivity index to post-floral drought varied from 35 % to 90 %. Five hybrids displayed the best values of the varietal sensitivity index to post-floral drought (Isv= 72 % to 90 %). The weight of 1000 grains varied from 14.54 to 20.05 g in Sotuba and from 14.15 to 18.18 g in Kolombada.

Keywords: Hybrids, sorghum, tolerance, post-flowering drought, Sahelian zone.

INTRODUCTION

Le sorgho *Sorghum bicolor* (L.) Moench est l'une des principales céréales cultivées dans le monde. Il constitue d'une manière générale la base de l'alimentation de la majorité de la population en zone semi-aride tropicale. Il demeure une des principales cultures céréalières des pays en voie développement. La production mondiale du sorgho pour l'année 2017-2018 était de 63 millions de tonnes sur une superficie de 42 millions hectares avec un rendement moyen de 1 450 kg/ha [1]. Au Mali, le sorgho et le petit mil constituent l'aliment de base de plus de 80 % de la population [2]. Ils sont consommés à travers divers plats et boissons traditionnels.

Le sorgho est cultivé en condition pluviale entre les isohyètes 400 et 1300 mm et en condition de décrue dans le nord du pays. Au cours des trente dernières années, le pays a connu, au-delà de l'irrégularité des pluies, une baisse de la pluviosité et une progression de la désertification vers le sud du pays. Cette situation a exacerbé les pénuries alimentaires et augmenté le niveau de pauvreté des populations rurales [3]. En effet, la sécheresse est l'un des principaux facteurs limitants de l'agriculture dans la zone sahélienne du Mali où la saison des pluies s'est raccourcie au cours des 20 dernières années [4].

La sécheresse périodique cause des difficultés considérables et détruit souvent toute la production, et dans ces conditions, la sécheresse post-florale nécessite une attention particulière, car c'est la forme la plus récurrente dans les régions arides et semi-arides du Mali. A cet effet, l'introduction des hybrides de sorghos tolérants à la sécheresse est l'une des meilleures approches pour rehausser le niveau de productivité et de production en zone sahélienne souvent frappée par l'effet de la sécheresse.

En effet, les hybrides ont contribué de manière significative à l'augmentation des rendements des céréales et des fourrages dans la plupart des pays du monde. De 1960 à 1990, la productivité des grains de sorgho a augmenté respectivement de 47 à 50 % en Chine et en Inde en raison de l'adoption des hybrides dans ces pays [5]. Chez le sorgho, la forme de tolérance à la sécheresse la mieux caractérisée au stade post-florale est le caractère « stay green ». Ainsi donc, des lignées A/B (mainteneur de la stérilité) et des lignées R (restaurateur de la fertilité) possédant le caractère « saty green » ont été développées au Mali [6].

Il est donc important de développer des hybrides de sorghos tolérants à la sécheresse en exploitant ces lignées A/B et R. L'objectif de cette recherche est d'évaluer l'aptitude des hybrides de sorgho tolérants à la sécheresse post-florale pour améliorer la sécurité alimentaire et le revenu des paysans en zone sahélienne du Mali. Elle est fondée sur l'hypothèse que les hybrides de sorgho sont résistantes au stress hydrique post-floral.

MATÉRIELS ET MÉTHODES

Site expérimental

Cette étude a été menée à Sotuba et à Kolombada. La station de recherche agronomique de Sotuba est située à environ 7 km du centre-ville de Bamako sur la rive gauche du fleuve Niger à la latitude $12^0 39'$ nord, longitude $07^0 56'$ ouest sur une altitude de 320 m avec une pluviométrie variant de 800 à 1000 mm (Figure 1). Le relief est dominé par une grande plaine longeant le fleuve Niger qui est le principal cours d'eau. Le climat est du type soudano sahélien avec deux saisons : une saison sèche de Novembre à Mai et une saison pluvieuse de juin à Octobre. La végétation est arbustive avec quelques essences forestières comme le Karité (*Vitelaria parkii*) et le caïcedrat (*Khaya senegalensis*). Les principaux types de sols rencontrés sont les limono argileux et sablo argileux.

La Sous-station de Recherche Agronomique (SRA) de Kolombada est située dans la région de Koulikoro, dans la commune rurale de Guégneka, à environ 12 km de la ville de Fana et couvre une superficie d'environ 37 ha. Ses coordonnées géographiques sont : la latitude $12^0 41'$, la longitude $7^0 59'$ et l'altitude de 310 m (Figure 1). Le climat est de type soudano sahélien avec deux saisons. Une saison pluvieuse de juin à octobre avec une pluviométrie de 600 à 900 mm et une saison sèche de novembre à mai. La saison se subdivise en une période froide, de novembre à février et une période chaude, de mars à mai. Le sol est de type sablo-argileux ou sablo-limoneux. Le relief est non accidenté et comprend une plaine avec une végétation de savane claire.

Figure 1 : carte des sites expérimentaux (MAIGA, 2021)

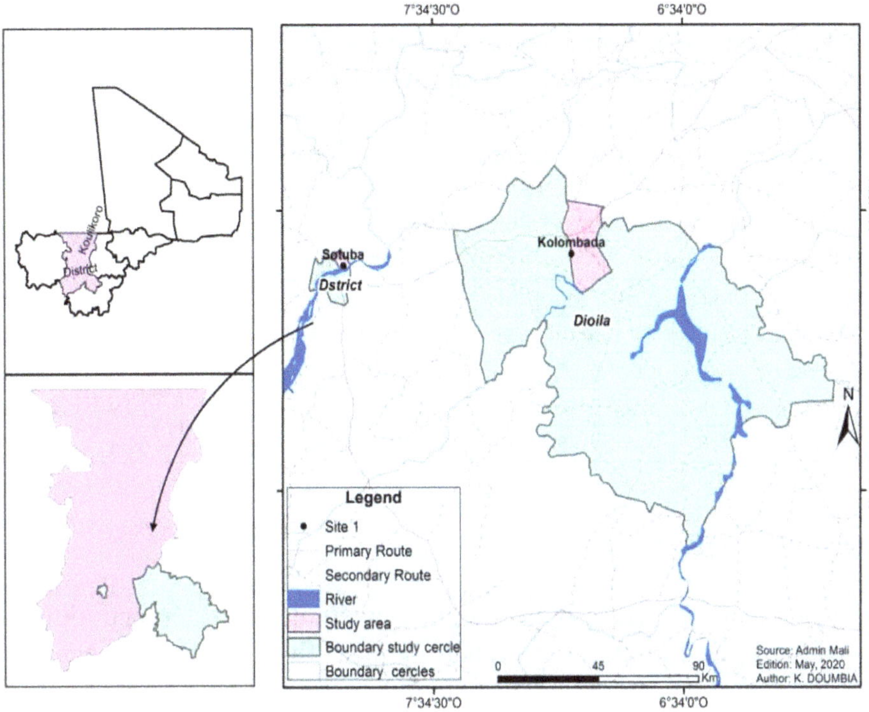

Condition pluviométrique de la campagne 2021/2022

Station de Recherche Agronomique de Sotuba

La pluviométrie moyenne enregistrée en 2021 est de 1017,3 mm. Les mois de juillet et août ont été les plus pluvieux (247mm et 427,5mm) Le mois de juillet (247mm) (Tableau 1). Le mois d'octobre correspondant aux stades floraison et remplissage des grains a été suffisamment pluvieux (81, 9 mm) (Tableau 1).

Tableau 1 : Hauteurs de pluie recueillies par décade et par mois à la station de Sotuba (2021).

Jour	Avril	Mai	Juin	Juillet	Août	Septembre	Octobre	Année
1er décade	0	0,5	5,6	81,9	107,1	52,7	33,4	281,2
2e décade	0	46,1	35,3	27,5	210,4	16,2	32,6	368,1
3e décade	11,3	13,2	55,2	137,6	110	24,8	15,9	368
Total	11,3	59,8	96,1	**247**	**427,5**	93,7	81,9	1017,3

Sous-station de Recherche Agronomique de Kolombada

La pluviométrie moyenne annuelle en 2021 a été de 597 mm. Le mois de juillet (136,4 mm) et le mois d'août (205,2 mm) ont été les plus pluvieux. Le mois d'octobre correspondant aux stades de floraison et de remplissage des grains a été moins pluvieux (57, 4 mm) (Tableau 2).

Tableau I : Hauteurs de pluie par décade et par mois à la sous station de Kolombada (2021).

Jour	Mars	Avril	Mai	Juin	Juillet	Août	Septembre	Octobre	Année
1er décade	10	0	0	53	62	67	50	15,5	257,5
2e décade	0	0	25	7	44	87,2	28	22	213,2
3e décade	0	15	0	7	30,4	51	3	19,9	126,3
Total	10	15	25	67	136,4	205,2	81	57,4	597

Matériel végétal

Il est composé de 26 hybrides et deux témoins de références dont un sensible et un tolérant à la sècheresse post-florale. Les semences des hybrides ont été produites à la station de recherche agronomique de Sotuba (en contre saison). Quatre nouvelles lignées A (parents femelles) et six lignées R toutes possédant le caractère « stay green » ont été croisées suivant le dispositif de North Carolina Design II (4 x 6 = 24 hybrides) (Tableau 3).

Tableau 3 : Liste des parents

N°	Variété	Types
1	TINZAMBA	Restaurateur(R)
2	EPDU-1004	Restaurateur(R)
3	GRANKAN	Restaurateur(R)
4	NIOBOUGOUMA	Restaurateur(R)
5	02-SB-F4DT-298	Restaurateur(R)
6	TIANDOUGOU-COURA	Restaurateur(R)
7	016-FA-BL-SI-104 P1-1-A	Femelle
8	016-FA-BL-SI-104 P3-4-A	Femelle
9	016-FA-BL-SI-108 P2-1-A	Femelle
10	016-FA-BL-SI-108 P3-1-A	Femelle

Variantes

Elles sont présentées dans le tableau 4 et comprennent les 24 hybrides et deux témoins.

Tableau 4 : Variantes expérimentales

N° Variante	Désignation	Croisement
1	IER-TSR- 021-MLT-ACPS-1	104P1-1A/Grinkan
2	IER-TSR- 021-MLT-ACPS-2	104P1-1A/EPDU 1004
3	IER-TSR- 021-MLT-ACPS-3	104P1-1A/Tiandougou-coura
4	IER-TSR- 021-MLT-ACPS-4	104P1-1A/ Tinzamba
5	IER-TSR- 021-MLT-ACPS-5	104P1-1A/F4DT-298
6	IER-TSR- 021-MLT-ACPS-6	104P1-1A/ Niobougouma
7	IER-TSR- 021-MLT-ACPS-7	104P3-4A/Grinkan
8	IER-TSR- 021-MLT-ACPS-8	104P3-4A/EPDU 1004
9	IER-TSR- 021-MLT-ACPS-9	104P3-4A/Tiandougou-coura
10	IER-TSR- 021-MLT-ACPS-10	104P3-4A/Tinzamba
11	IER-TSR- 021-MLT-ACPS-11	104P3-4A/F4DT-298
12	IER-TSR- 021-MLT-ACPS-12	104P3-4A/Niobougouma
13	IER-TSR- 021-MLT-ACPS-13	108P2-1A/Grinkan
14	IER-TSR- 021-MLT-ACPS-14	108P2-1A/EPDU 1004
15	IER-TSR- 021-MLT-ACPS-15	108P2-1A/Tiandougou-coura
16	IER-TSR- 021-MLT-ACPS-16	108P2-1A/Tinzamba
17	IER-TSR- 021-MLT-ACPS-17	108P2-1A/F4DT-298
18	IER-TSR- 021-MLT-ACPS-18	108P2-1A/Niobougouma
19	IER-TSR- 021-MLT-ACPS-19	108P3-1A/Grinkan
20	IER-TSR- 021-MLT-ACPS-20	108P3-1A/EPDU 1004
21	IER-TSR- 021-MLT-ACPS-21	108P3-1A/Tiandougou-coura
22	IER-TSR- 021-MLT-ACPS-22	108P3-1A/Tinzamba
23	IER-TSR- 021-MLT-ACPS-23	108P3-1A/F4DT-298
24	IER-TSR- 021-MLT-ACPS-24	108P3-1A/Niobougouma
	TEMOINS	
25	Sassilon (Tolérant à la sécheresse)	216-2-P4-5A/Tiandougou-coura
26	Fadda (Sensible à la sècheresse)	12A/Lata

Dispositif expérimental

Le dispositif expérimental utilisé est Alpha lattice avec 26 hybrides ; 3 répétitions 2 blocs par répétition et 13 hybrides par bloc (Figure 2).

La parcelle élémentaire est constituée de 2 lignes de 3m de long. Le semis a été effectué aux écartements de 0,75m x 0,30m.

Figure 2 : Dispositif expérimental (Alpha lattice)

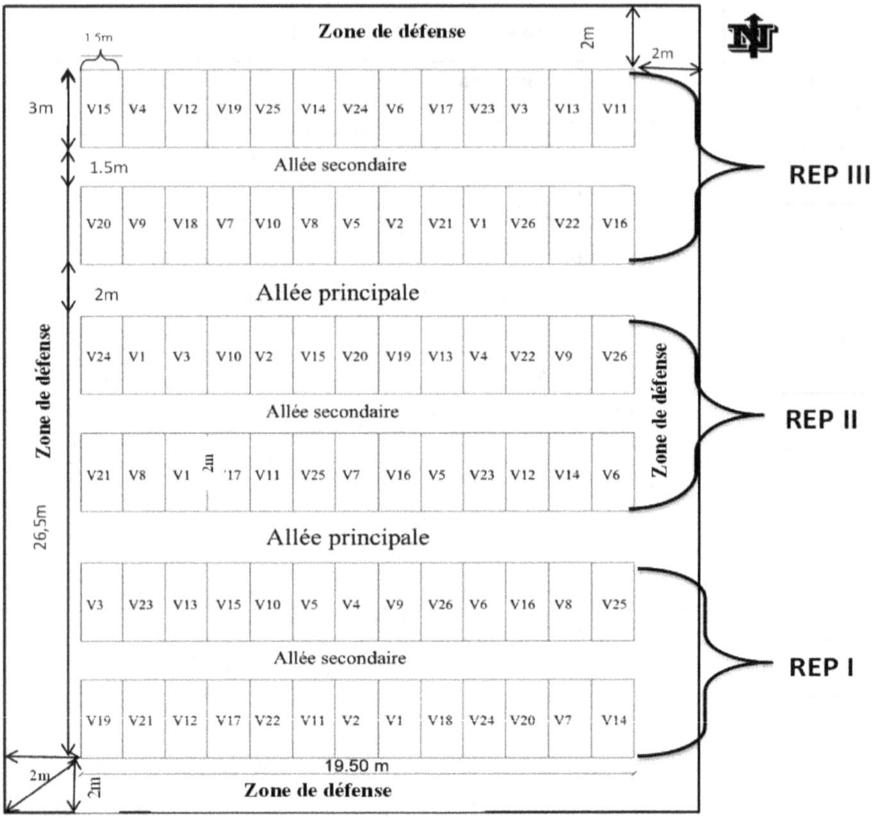

Le semis a été réalisé sur les billons (Tableau 5). La daba a été utilisée pour faire les poquets. Le ruban et la corde ont permis de matérialiser les écartements. Après le semis, les poquets sont refermés et tassés afin que les graines soient en contact ferme avec la terre.

Démariage

Les travaux de démariage et de repiquage ont été faits deux semaines après le semis tout en tenant compte de bonnes conditions d'humidité. Le démariage a été effectué à 2 plants par poquet et les poquets manquants ont été repiqués (Tableau 5).

Sarclage et buttage

Deux sarclages -mécaniques, et deux manuels ont été effectués. Le premier sarclage a été effectué 15 jours après le semis à la houe. Le deuxième a été effectué 2 semaines. Quant au buttage, il a été réalisé à la charrue au moment de l'apport de l'urée (Tableau 5).

Fertilisation

Le complexe 17-17-17 à la dose de 100 kg/ha, soit environ 46 g par parcelle élémentaire et la fumure organique FERTINOVA (2-3-2) à la dose d'une tonne à l'hectare, soit 450 g par parcelle élémentaire ont été apportés avant le quinzième jour après la levée comme engrais de fond. L'urée a été apportée au quarante cinquième jour après le semis à la dose de 50 kg/ha soit 22,5 g par parcelle élémentaire. Le mode d'épandage en ligne a été utilisé pour les apports d'engrais minéraux (Tableau 5).

Tableau 5 : Calendrier des opérations culturales de l'essai des hybrides tolérants à la sécheresse post florale à Kolombada et à Sotuba (campagne 2021-2022).

OPERATION	**DATE**		**MATERIEL**
	Sotuba	**Kolombada**	
Labour	27/06/2021	30/06/2021	Tracteur
Billonnage	05/07/2021	03/07/2021	Traction animale
Piquetage	08/07/2021	06/07/2021	Piquets, cordes, ruban, daba
Semis	10/07/2021	14/07/2021	Daba, bâtons gradués
Epandage 1 (NPK)	28/07/2021	09/08/2021	Pots, engrais, daba
Fumure organique fertinova	26/06/2021	16/07/2021	Pots, engrais, daba
Démariage manuel	26/07/2021	01/08/2021	
Sarclage 1	28/07/2021	13/08/2021	Daba
Sarclage 2	18/08/2021	24/08/2021	Daba
Epandage 2 (Urée)	27/08/2021	31/08/2021	Pots, engrais, daba
Buttage	27/08/2021	31/08/2021	Charrue traction animale
Récolte	24/11/2021	17/11/2021	Sécateurs, Sac, Marqueur

Observations phénologiques

Vigueur au développement : il a été réalisé en appréciant visuellement la croissance des jeunes plants (taille, grosseur, nombre de feuille), L'évaluation a été faite 30 jours après le semis. Les scores utilisés sont 5 = très bonne, 4 = bonne, 3 = moyenne (très proche de la variété locale), 2 = mauvaise, 1 = très mauvaise.

Délai semis 50 % épiaison (en jours) : il a été observé en prenant la date à laquelle les panicules de 50 % des plants de la parcelle élémentaire commencent à émerger.

Hauteur moyenne des plants : c'est la mesure verticale des plants du sol jusqu'au sommet de la panicule. Cette mesure a été effectuée à l'aide d'une règle graduée au centimètre, sur 3 plants choisis au hasard dans chaque parcelle utile.

Nombre de feuilles vertes à la maturité physiologique : il est obtenu par le comptage du nombre de feuilles vertes de 3 plants par parcelle à la maturité physiologique.

Nombre de poquets productifs : le nombre total de poquets dont les panicules sont récoltées a été compté pour chaque parcelle élémentaire. Il a permis d'avoir des informations sur la densité des plants sur la parcelle récoltée.

Nombre de panicules récoltées : ce nombre a été obtenu en comptant le nombre total des panicules récoltées sur chaque parcelle élémentaire. Il a renseigné sur la présence des talles et a permis d'estimer le poids moyen d'une panicule.

Poids panicules : c'est le poids des panicules récoltées sur une parcelle élémentaire (g), il a été réalisé par le pesage des panicules récoltées sur une parcelle élémentaire. Ces poids ont permis de vérifier ou d'expliquer le pourcentage de perte en rendement grain après battage.

Poids des grains : le poids des grains (g/parcelle) de chaque parcelle élémentaire a été pris à la récolte à l'aide d'une balance électronique d'une précision de 0.1g

Nombre de grains par panicule : 'est le nombre de grains de trois panicules par parcelle élémentaire.

Poids de 1000 grains : pour chaque parcelle, il a été obtenu par pesage sur une balance électronique de précision de 0.1g.

Rendement grain par parcelle : il a été calculé à partir du poids grain enregistré dans chacune des parcelles. Pour chaque parcelle, le rendement parcellaire a été ramené au g/m2. La formule suivante a été utilisée : Rdt = PGP/SP×10 d'où Rdt =Rendement (en kg/ha) ; PGP =Poids grain parcellaire (kg) et SP = Surface parcellaire.

Indices de sensibilité variétal (ISV) : l'indice de sensibilité variétale (Isv) a été déterminé par la formule de FISCHER et MAURER (1978), cités par DIALLO (2009) : Isv = Rs / Rt ×100 où Rs est le rendement en grains en conditions de sécheresse, Rt, le rendement en grains en conditions non limitatives en eau (témoin). Plus cet indice est élevé, plus la variété est tolérante à la sécheresse

Méthodes d'analyse des données

Les données ont été collectées avec les tablettes sur l'application Field Book, vérifiées avec un tableur Excel version 2013. Le même logiciel Excel a servi aussi à tracer les histogrammes. L'analyse de la variance (ANOVA) a été réalisée sur les variables à l'aide du logiciel d'analyse statistique GENSTAT (version 12.1).

RÉSULTATS

Paramètres agro-morphologiques des hybrides dans différentes conditions d'alimentation hydriques

Les résultats de l'analyse des paramètres morphologiques sont présentés dans le tableau 6.

Tableau 6 : Analyse de variance

Variable	Site	Source de variance					
		c.m	v.r.	F pr.	%CV	PPDS	h^2%
delai_semis_50% Epiaison	Kolombada	19.975	9.98	<.001	1.61	2.343	92
	Sotuba	26.7512	30.34	<.001	1.09	1.543	89
Hauteurs des plants	Kolombada	2172.9	11.29	<.001	6.83	22.97	93
	Sotuba	3457.0	7.92	<.001	8.17	34.33	84
Nombre de feuilles vertes	Kolombada	1.2236	5.68	<.001	8.03	0.7690	82
	Sotuba	0.9831	3.49	<.001	7.05	0.8728	65
Nombre de grains par panicule	Kolombada	882628.	3.20	<.001	25.03	869.3	82
	Sotuba	1028271.	2.77	0.002	20.52	1001	61
Poids de 1000grains	Kolombada	1.9759	2.64	0.002	5.62	1.432	63
	Sotuba	7.014	3.73	<.001	8.15	2.255	72
Rendement grain	Kolombada	698216.	1.96	0.022	30.42	989	52
	Sotuba	1572146.	1.90	0.032	25.86	1495	59

Légende : **c.m** = Carré moyen des écarts ; **v.r.** = Ratio de variance ; **Fpr** = F probabilité ; **PPDS** = Plus petite différence significative ; **CV %** = Coefficient de variation ; **h^2 %** =, Héritabilité en.

L'analyse de variance a montré une différence hautement significative entre les hybrides pour le délai semis 50 % épiaison dans les deux localités avec une héritabilité de 89 % à Sotuba et 92 % à Kolombada (Tableau 6).

A Sotuba, le délai semis 50 % épiaison des hybrides a varié de 80 à 92 jours avec une moyenne de 88 jours. Les témoins hybrides Sassilon (80 jours) et Fadda (80 jours) ont été les plus précoces. Par contre les hybrides IER-TSR- 021-MLT-ACPS-21, IER-TSR- 021-MLT-ACPS-23 ont été les plus tardifs (92 jours).

A Kolombada, le délai semis 50 % épiaison des hybrides a varié de 80 à 92 jours avec une moyenne de 88 jours. Les témoins hybrides Sassilon (80jours) et Fadda (84 jours) ont été plus précoces. L'hybride IER-TSR- 021-MLT-ACPS-23 (92jours) a été le plus tardif c.m= carré moyen des écarts ; v.r= Ratio de variance ; Fpr= F probabilité ; PPDS= Plus petite différence Significative ; CV %= Coefficient de variation ; h % héritabilité en pourcentage.

Les résultats de l'analyse de variance ont révélé une différence hautement significative entre les hybrides pour la hauteur des plants avec une héritabilité de 92 % à Sotuba et 89 % à Kolombada (Tableau 6).

A Sotuba, la hauteur moyenne observée est de 256 cm. La plus grande taille (360 cm) a été enregistrée-pour l'hybride IER-TSR- 021-MLT-ACPS-3. Par contre, les hybrides IER-TSR- 021-MLT-ACPS-6 (205 cm) et IER-TSR- 021-MLT-ACPS-7 (207 cm) ont été les plus courts. Treize hybrides ont une taille relativement courte allant de 205 à 250 cm.

A Kolombada, les hybrides ont une hauteur allant de 164 à 248 cm avec une moyenne de 203 cm. Trois hybrides IER-TSR- 021-MLT-ACPS-8 (164 cm), IER-TSR- 021-MLT-ACPS-13 (165 cm) et IER-TSR- 021-MLT-ACPS-12 (167 cm) ont été plus courts que les deux témoins hybrides Sassilon (248 cm) et Fadda (182 cm).

La boite à moustache montre une distribution asymétrique dans les deux sites.

A Sotuba, 75 % des hybrides ont une haute taille (225 et 350 cm) (Figure 9).

A Kolombada, les plus grandes hauteurs des plants sont comprises entre 180 et 230 cm représentant 75 % des hybrides (Figure 3).

Figure 3 : Boite à moustaches de la hauteur des plants à Sotuba et à Kolombada, (2021-2022)

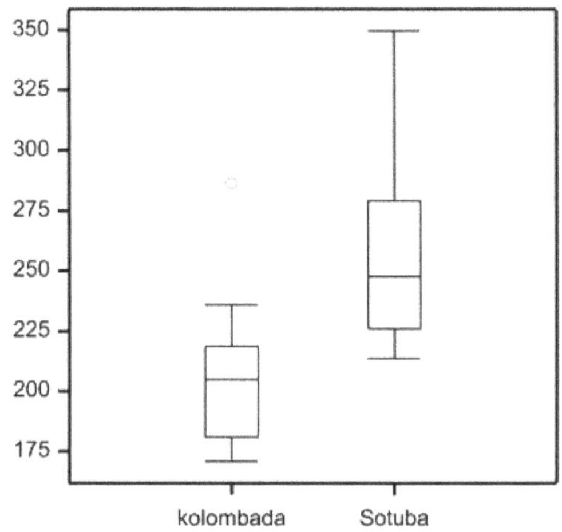

Les résultats de l'analyse de variance ont montré une différence hautement significative entre les hybrides pour le nombre de feuilles vertes à la maturité physiologique dans les deux sites avec une héritabilité de 82 % à Kolombada et 65 % à Sotuba (Tableau 6).

A Sotuba, le nombre moyen de feuilles vertes à la maturité physiologique est de 8. Le plus grand nombre de feuilles vertes à la maturité physiologique (9) a été obtenu par l'hybride IER-TSR- 021-MLT-ACPS-7. Par contre, la plus faible valeur (6) a été enregistrée par l'hybride IER-TSR- 021-MLT-ACPS-9.

A Kolombada, le nombre moyen de feuilles vertes à la maturité physiologique est de 6 feuilles. L'hybride IER-TSR- 021-MLT-ACPS-3 a eu le plus faible nombre de feuilles vertes (4) à la maturité physiologique. Le plus grand nombre de feuilles vertes (7) a été enregistré par 4 hybrides (IER-TSR- 021-MLT-ACPS-5, IER-TSR-021-MLT-ACPS-2, IER-TSR- 021-MLT-ACPS-23, IER-TSR- 021-MLT-ACPS-15) et le témoin Sassilon.

On observe, à travers la boite à moustaches, une distribution symétrique à Sotuba contrairement Kolombada (Figure 10). A sotuba, 75 % des hybrides ont eu au moins 7 feuilles vertes à la maturité physiologique tandis qu'à Kolombada 75 % des hybrides ont un nombre de feuilles vertes à la maturité physiologique compris entre 5 et 7. A travers la figure 4, on observe que les hybrides ont enregistré plus de feuilles vertes à la maturité physiologique à Sotuba qu'à Kolombada.

Figure 4 : Boite à moustaches du nombre de feuilles vertes des plants à la maturité physiolgique à Sotuba et à Kolombada, (2021-2022)

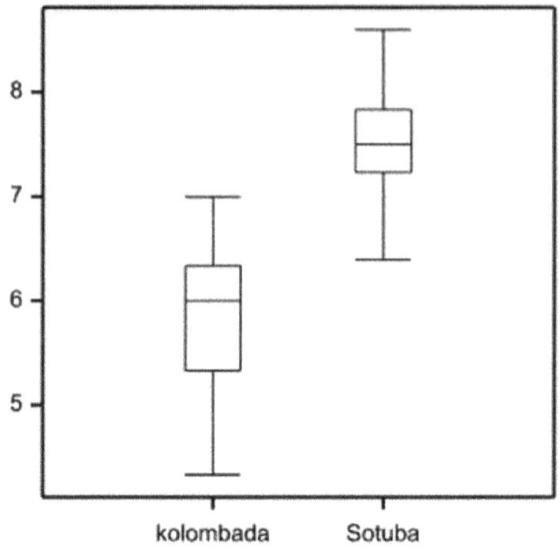

Potentiel de rendement grains des hybrides dans différentes conditions d'alimentation hydriques

Nombre de grains par panicule

L'analyse de variance a montré une différence hautement significative entre les hybrides pour le nombre de grains par panicule dans les deux localités avec une héritabilité de 65 % à Sotuba et 69 % à Kolombada (Tableau 6). Le nombre moyen de grains par panicule est de 2985 à Sotuba. L'hybride IER-TSR- 021-MLT-ACPS-23 a enregistré le plus faible nombre de grains (2025). Le plus grand nombre (4096) de grains par panicule a été obtenu par l'hybride IER-TSR- 021-MLT-ACPS-17.

A Kolombada, le nombre moyen de grains par panicule est de 2082. Les témoins Fadda (1323) et Sassilon (1548) ont enregistré le nombre de grains le plus faible ou réduit par panicule. L'hybride IER-TSR- 021-MLT-ACPS-20 a eu le plus grand nombre (3739) de grains par panicule. La boite à moustaches indique une distribution asymétrique dans les deux sites Kolombada et Sotuba. A Sotuba, 75 % des hybrides ont un nombre de grains par panicule variant de 25 00 à 4500. Par contre, à Kolombada, 75 % des hybrides ont 1750 à 3000 grains par panicule (Figure 5). Le plus grand nombre de grains par panicule a été observé par la majorité des hybrides à Sotuba par rapport à Kolombada (Figure 5).

Figure 5: Boite à moustaches du nombre de grains par panicule des hybrides à Sotuba et à Kolombada, (campagne 2021/2022).

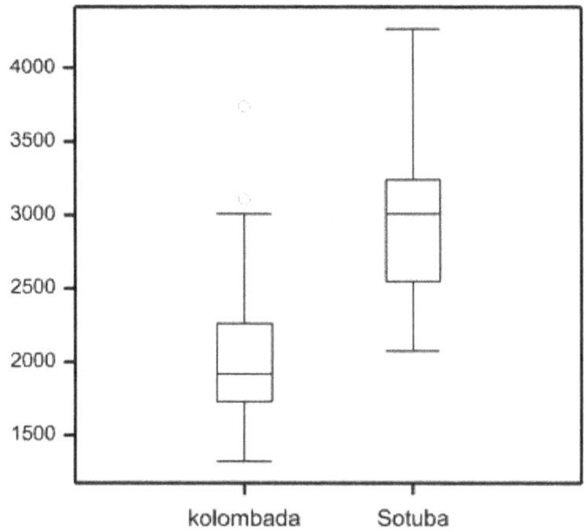

Poids de 1000 grains

Les résultats de l'analyse de la variance ont montré une différence hautement significative entre les hybrides pour le poids 1000 grains dans les deux sites avec une héritabilité de 69 % à Kolombada et 73 % à Sotuba (Tableau 6). A Sotuba, le poids moyen de 1000 grains est de 16,85 g. Les hybrides IER-TSR- 021-MLT-ACPS-4(14,60), IER-TSR-021-MLT-ACPS-17 (14,66 g), IER-TSR- 021-MLT-ACPS-10 (14,72 g) et le témoin Fadda (14,54 g) ont enregistré les plus faibles valeurs du poids de 1000 grains. La plus grande valeur (20,05 g) du poids de 1000 grains a été obtenu par l'hybride IER-TSR- 021-MLT-ACPS-19. A Kolombada, le poids moyen de 1000 grains est de 15,37 g. Trois hybrides à savoir IER-TSR- 021-MLT-ACPS-16 (14,15 g), IER-TSR-021-MLT-ACPS-17 (14,33 g) et IER-TSR- 021-MLT-ACPS-14 (14,41g) ont les plus faibles poids de 1000 grains. L'hybride IER-TSR-021-MLT-ACPS-1 a enregistré le poids 1000 grains le plus élevé (18,18 g). Dans les deux sites, une distribution symétrique est observée à travers la boite à moustaches (Figure 12). A Sotuba, 50 % des hybrides ont un poids de 1000grains entre 16,5 à 20 g (Figure 12). A Kolombada, 50 % des hybrides ont un poids de 1000 grains compris entre 15,5 à 16,5 g (Figure 6).

Figure 6 : Boite à moustaches du poids de 1000 grains des hybrides à Sotuba et à Kolombada, campagne 2021/2022.

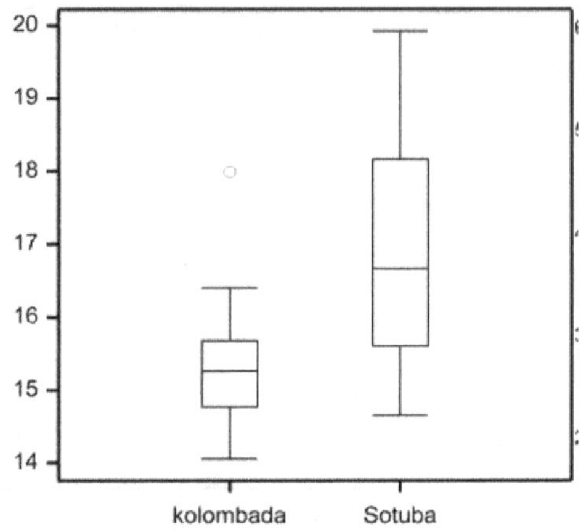

Rendement grain

L'analyse de variance a montré des différences significatives entre les hybrides pour le rendement grain dans les deux sites avec une héritabilité de 52 % à Kolombada et à Sotuba 59 % (Tableau 6). A Sotuba, le rendement grain moyen observé est de 3520 kg/ha. Les hybrides IER-TSR- 021-MLT-ACPS-3 (4693 kg/ha), IER-TSR- 021-MLT-ACPS-14 (4362 kg/ha), IER-TSR- 021-MLT-ACPS-11(4152 kg/ha), IER-TSR- 021-MLT-ACPS-15 (4117 kg/ha), IER-TSR- 021-MLT-ACPS-21 (4041 kg/ha), IER-TSR- 021-MLT-ACPS-2 (4005 kg/ha) ont été plus productifs que le témoin tolérant Sassilon (3531 kg/ha) et le témoin sensible Fadda (3039 kg/ha) . Le plus faible rendement grain (1906 kg/ha) a été enregistré par l'hybride IER-TSR-021-MLT-ACPS-10 (Figure 13). A Kolombada, le rendement grain des hybrides a varié de 793 à 2850kg/ha avec une moyenne de 1962 kg/ha. Les hybrides IER-TSR- 021-MLT-ACPS-3 (2850 kg/ha), IER-TSR-021-MLT-ACPS-7 (2806 kg/ha), IER-TSR- 021-MLT-ACPS-9 (2788 kg/ha) et IER-TSR- 021-MLT-ACPS-17 (2772 kg/ha) ont été les plus productifs que le témoin tolérant à la sécheresse post florale Sassilon (1703 kg/ha). A Sotuba, 75 % les hybrides ont eu un rendement grain compris entre 3250 à 4725 kg/ha. Par contre, à Kolombada, 75 % des hybrides ont un rendement grain compris entre 1750 à 2750 kg/ha (Figure 7). D'une manière générale les hybrides ont été plus productifs à Sotuba par rapport à Kolombada.

Figure 7: Rendement grain de 24 hybrides comparés aux 2 témoins (Sassilon et Fadda) à Sotuba et à Kolombada, campagne 2021/2022.

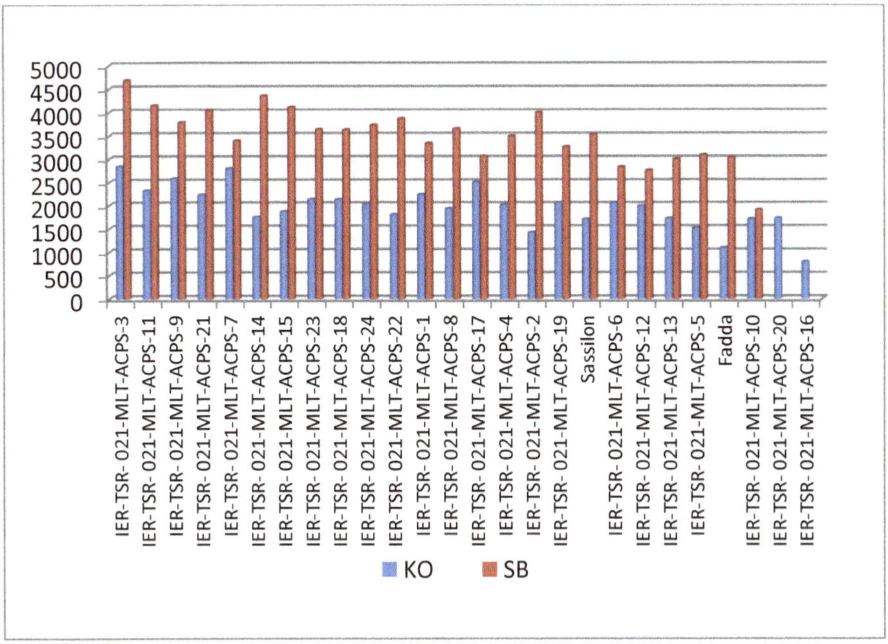

Figure 8 : Boite à moustaches du rendement grain des hybrides à Sotuba et à Kolombada campagne 2021/2022.

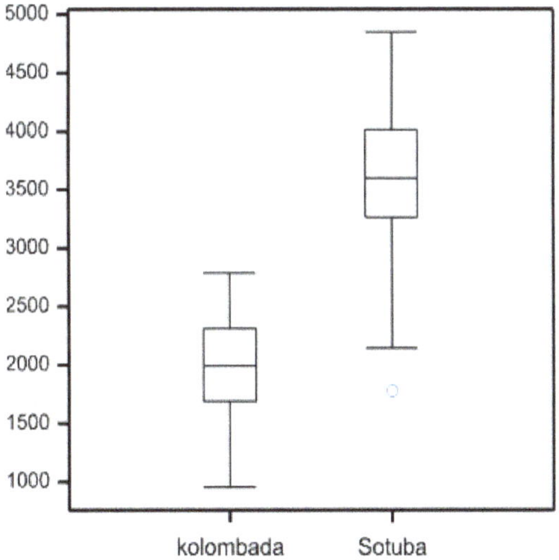

La figure 14 nous montre une distribution symétrique dans les deux sites par rapport au rendement grain.

Criblage des hybrides en fonction de leur tolérance au déficit hydrique

Identification des hybrides tolérant à la sécheresse post florale

L'indice de sensibilité variétale (ISV) a varié de 35 % à 90 %. Neuf hybrides ont enregistré les plus grandes valeurs de l'indice de sensibilité variétale (ISV=61 % à 90 %) par rapport au témoin tolérant Sassilon (ISV = 48 %) (Figure 15). Ces hybrides se sont montrés plus tolérants à la sècheresse post florale. Par contre les hybrides IER-TSR- 021-MLT-ACPS-14 (ISV=40 %) et IER-TSR- 021-MLT-ACPS-2 (ISV=35 %) ont enregistré les plus faibles valeurs de l'indice de sensibilité variétale de même que le témoin sensible Fadda (ISV=36 %). Ces hybrides sont donc sensibles à la sècheresse post florale (Figure 9).

Figure 9 : Indice de sensibilité variétale à la sécheresse post florale de 13 hybrides par rapport aux 2 témoins Sassilon et Fadda, (campagne 2021/2022).

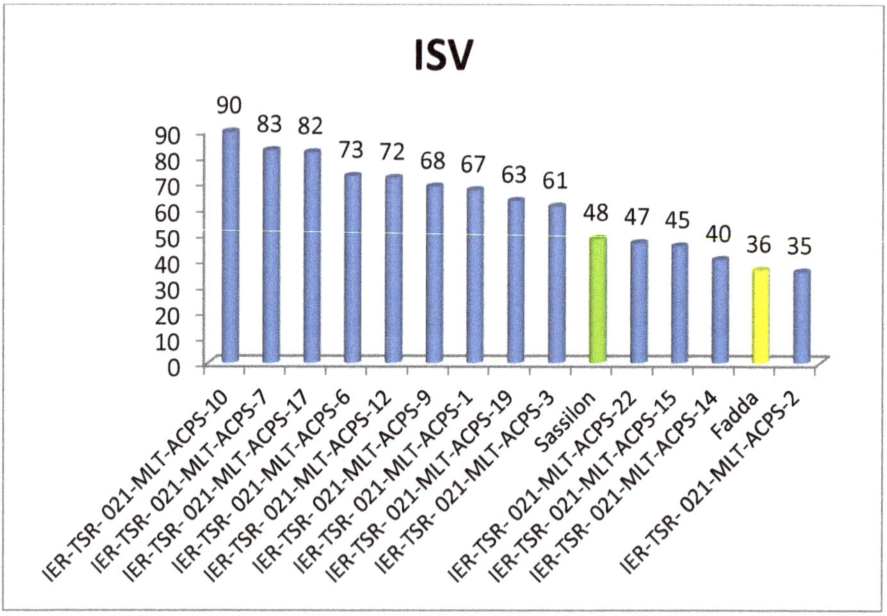

DISCUSSION

L'étude a montré aussi bien des similitudes que des différences entre les hybrides au niveau des paramètres étudiés dans les deux stations. Ainsi, le délai semis 50 % épiaison moyen observé est de 88 jours à Sotuba aussi bien qu'à Kolombada. On peut en conclure que ces hybrides se sont quasiment comportés de la même manière dans les deux sites. Cette situation peut s'expliquer par le fait que les hybrides sont photosensibles. L'échappement ou l'esquive étant assurés par l'existence de variétés de cycles courts dans le cas des cultures céréalières, on se trouve alors dans une situation de tolérance [7] ; [8].

La hauteur moyenne des plants observée a été faible à Kolombada (203 cm) comparativement à celle des plants à Sotuba (256 cm). En effet à Sotuba, avec une bonne pluviométrie (1017 mm), les hybrides ont eu une bonne croissance des plants entraînant une augmentation de leur hauteur par rapport à Kolombada qui a enregistré une faible pluviométrie (597 mm). Les résultats similaires ont été évoqués par d'autres auteurs. Selon [9] les plants croissent mieux dans des bonnes conditions hydriques que dans des conditions de stress hydrique ce qui peut justifier leur croissance . Le déficit d'eau est un facteur déterminant pour la croissance des plantes, particulièrement en zones arides et semi-arides. Il induit chez les plantes stressées une diminution du contenu relatif en eau et une réduction significative de la production de la biomasse, concomitante à une réduction de la croissance en diamètre et en hauteur des tiges [10] ; [11].

Le nombre moyen de feuilles vertes observées à la maturité physiologique est de 6 à Kolombada et 8 à Sotuba. Malgré la faible pluviométrie observée à Kolombada (597 mm) par rapport à Sotuba (1017 mm) les plants ont conservé, dans l'ensemble, un nombre assez important de feuilles vertes à la maturité physiologique. On peut supposer que ces hybrides ont un caractère « stay green » marqué, ce qui est l'un des indicateurs de la tolérance à la sècheresse post florale [6]. Le poids moyen de 1000 grains (15 g) à Kolombada a été relativement faible par rapport au poids moyen de 1000 grains (17 g) à Sotuba. Cela peut s'expliquer par la situation pluviométrique du mois d'octobre coïncidant à la phase de remplissage des grains. Le mois d'octobre a été plus pluvieux à Sotuba (81,9 mm) entrainant un bon remplissage des grains par rapport à Kolombada qui a enregistré une faible pluviométrie (57,4 mm). Le rendement grain moyen des hybrides a été faible à Kolombada (1963 kg/ha) suite au déficit pluviométrique comparativement à Sotuba (3521 kg/ha). Toutefois les hybrides introduits ont été d'une manière générale plus productifs que les témoins dans les deux conditions. A Kolombada aussi bien qu'à Sotuba l'hybride IER-TSR- 021-MLT-ACPS-3 a enregistré le meilleur rendement grain (2850 kg/ha et 4693 kg/ha) par rapport au meilleur témoin hybride Sassilon (991 kg/ha et 3625 kg/ha). Ces résultats sont en adéquations de ceux de [11] qui stipule que le déficit hydrique provoque une diminution du rendement. L'indice de sensibilité variétale à la sécheresse post florale a été en moyen de 63.54 % pour les hybrides et 42 % pour les témoins.

CONCLUSION

L'évaluation des hybrides dans les deux environnements a permis d'enregistrer des résultats révélateurs de la performance desdits hybrides au point de vue tolérance à la sécheresse. Le délai semis 50 % épiaison des hybrides a varié de 89 à 92 jours avec une moyenne de 90,5 jours tant à Sotuba qu'à Kolombada. Cela dénote la sensibilité au photopériodisme des hybrides évalués. Aucun des hybrides n'a été précoce par rapport aux deux témoins dans les deux sites. A Sotuba, la hauteur moyenne des plants est de 256 cm tandis qu'à Kolombada elle est de 203 cm. Cette réduction de taille des plants à Kolombada peut dépendre du déficit hydrique (597 mm). A Sotuba, avec des conditions pluviométriques favorables (1017 mm), treize hybrides ont eu des tailles courtes allant de 203 à 250 cm. Le nombre moyen de feuilles vertes à la maturité physiologique à Sotuba est de 8 et de 6 à Kolombada. Malgré les conditions hydriques difficiles de Kolombada (597 mm), 4 hybrides ont conservé un grand nombre de feuilles vertes à la maturité physiologique (7 feuilles). Le rendement grain moyen observé à Sotuba a été de 3521 kg/ha et à Kolombada, il est de 1963 kg/ha. L'indice de sensibilité variétale à la sécheresse post florale a varié de 35 % à 90 %. Cinq hybrides à savoir IER-TSR- 021-MLT-ACPS-10 (ISV=90 %), IER-TSR- 021-MLT-ACPS-7 (ISV=83 %), IER-TSR- 021-MLT-ACPS-17 (ISV=82 %), IER-TSR- 021-MLT-ACPS-6 (ISV=73 %) et IER-TSR- 021-MLT-ACPS-12 (ISV=72 %) ont enregistré les meilleurs indices de sensibilité variétale à la sécheresse post florale par rapport au meilleur témoin tolérant Sassilon avec un indice de sensibilité de 48 %. Ces hybrides sont tolérants à la sécheresse post florale car plus cet indice est élevé, plus la variété est tolérante à la sécheresse post-florale.

BIBLIOGRAPHIE

[1] FAO, 2018. Statistique de la FAO : données sur les superficies emblavées (en ha), la production (en tonnes) et les rendements (en kg/ha) de sorgho Rome, Italy.p.2.

[2] FAO, 2015. Statistique de la FAO : données sur les superficies emblavées (en ha), la production (en tonnes) et les rendements (en kg/ha) de sorgho de 2015.

[3] IER, 2015. Rapport annuel de la *21ème Session du comité de programme de l'Institut d'Economie Rurale,* BP 260 ; Mali. 202 p

[4] TRAORE, S., Coulibaly B., KONE, A., BAGAYOKO, M. and KOUYATE, Z. 2007. Increasing the productivity and sustainability of Millet based cropping systems in the sahelian zones of West Africa. *Journal springer,* 567-574.

[5] REDDY, B.V., SHARMA H.C., THAKUR R.P., RAMESH S., RATTUNDE F. et MGONJA M. 2006. Sorghum Hybrid Parents Research at ICRISAT. Strategies, Status, and Impacts. SAT journal. Vol 2. Issue 1, 1-24

[6] SISSOKO, S., DIALLO, A., VERNON, G (2015). *« Combining ability of sorghum bicolor [L.] inbred lines for post-flowering Drought Tolerance in Mali* ». LAP LAMBERT Academic Publishing, 64 p.

[7] FALALOU H., 2000. *Réponse physiologique du niébé (*Vigna unguiculata *L. Walp) au déficit hydrique s'exerçant au cours de deux stades de développement : début floraison et début formation des gousses*. Mémoire de D.E.A. *Université de Ouagadougou*, BP 7021, 62 p.

[8] BARRY, A. B. et SIVAKUMAR, M. V.K., 1997. *Agroclimatologie de l'Afrique de l'Ouest : la Guinée*. ICRISAT – ACMAD, *France. Direction Nationale de la Météorologie*, 85 p.

[9] BRETAUDEAU, A., TRAORE, B. M., TRAORE, S., TOURE, O. S., & KEITA, M. 1994. Contribution à l'utilisation des paramètres morpho-physiologiques et agronomiques pour la sélection de variétés de sorgho résistantes à la sècheresse.". *Bilan hydrique agricole et sècheresse en Afrique Tropicale", (John Libbey Ed.) Eurotext, Paris*, 125-136.

[10] ALBOUCHI A., BEJAOUI Z. et AOUNI M. M., 2003. Influence d'un stress hydrique modéré ou sévère sur la croissance de jeunes plants de *Casuarina glauca* Sieb. *Sécheresse.* 14 (3), 137– 42.

[11] DIALLO, D., 2009. « Evaluation physiologique de la résistance au stress hydrique du riz nerica (ORYZA spp L.) : cas de WAB 450 IBP 28HB et de WAB 450 IBP 91HB cultives en République de Guinée ». Thèse de doctorat *Université de Ouagadougou,* 125 p.

PERFORMANCE DES SYSTÈMES DE RIZICULTURE INTENSIF ET TRADITIONNEL SUR SOL HYDROMORPHE À FARANAH, RÉPUBLIQUE DE GUINÉE

(Titre abrégé : Performance des systèmes de riziculture sur sol hydromorphe)

Mamadou Malal BALDE*,
Assistant, Département de Vulgarisation agricole, Institut Supérieur Agronomique et Vétérinaire Valery Giscard d'Estaing de Faranah (ISAV-VGE/F), B.P : 131 Faranah, République de Guinée, malalbaldeisav@gmail.com

Hamidou BAH,
Maître Assistant du CAMES, Département Agriculture, Institut Supérieur Agronomique et Vétérinaire Valery Giscard d'Estaing de Faranah (ISAV-VGE/F), B.P : 131 Faranah, République de Guinée

Bandjou SAMOURA,
Assistant, Département de Vulgarisation agricole, Institut Supérieur Agronomique et Vétérinaire Valery Giscard d'Estaing de Faranah (ISAV-VGE/F), B.P : 131 Faranah, République de Guinée

Lanciné SANGARE,
Maître Assistant du CAMES, Département Agroforesterie, Institut Supérieur Agronomique et Vétérinaire Valery Giscard d'Estaing de Faranah (ISAV-VGE/F), B.P : 131 Faranah, République de Guinée

Diawadou DIALLO,
Professeur des Universités, Département Agriculture, Institut Supérieur Agronomique et Vétérinaire Valery Giscard d'Estaing de Faranah (ISAV-VGE/F), B.P : 131 Faranah, République de Guinée

Résumé : La méconnaissance de la performance des variétés de riz (*Oryza glaberrima*) révèle de réels problèmes pour le développement de la filière rizicole en Afrique. En Guinée, quatre grands systèmes de culture de riz selon l'agroécologie prédominent. La présente étude a été effectuée dans la Commune Urbaine de Faranah. Son but est d'évaluer la performance des systèmes de riziculture intensif et traditionnel sur sol hydromorphe. Des variétés de riz de bas-fonds largement cultivées dans la préfecture ont été collectées. Un dispositif bloc complet randomisé

(BCR) factoriel avec huit variantes et quatre répétitions a été utilisé. Le sol, de texture limono-argileuse amendé à l'aide du compost et du 15-15-15 suivant les principes des systèmes a servi de site expérimental. Quatre variétés (Bintyana, Diana, Soronkadi et CK_{211}) ont été utilisées. Sept paramètres biométriques ont été évalués et analysés à travers les logiciels Excel, SPSS version et SigmaPlot pour les graphiques. Les rendements les plus élevés ont été observés en SRI avec la variété Diana (7,11t/ha) en tête tandis qu'elle a enregistrée le plus faible rendement en SRT (4,50t/ha). Le rendement a eu une forte corrélation positive avec la hauteur des plants, le nombre de grains pleins par panicule, le nombre de talles par touffe et de talles fertiles dans les deux systèmes. Toutefois, cette corrélation a été positivement faible avec la longueur des panicules et le poids de mille grains dans les deux systèmes. La présente étude suggère l'adoption du SRI sur les sols hydromorphes compte tenu du rendement élevé des variétés.

Mots clés : riz (*Oryza glaberrima*), performance, riziculture, intensif, traditionnel

Abstract: The lack of knowledge about the performance of rice varieties (*Oryza glaberrima*) reveals real problems for the development of the rice sector in Africa. In Guinea, four major rice growing systems according to agroecology predominate. The present study was carried out in the Urban Commune of Faranah. Its aim is to evaluate the performance of intensive and traditional rice growing systems on hydromorphic soil. Lowland rice varieties widely grown in the prefecture were collected. A factorial randomized complete block (RCB) design with eight variants and four repetitions was used. The soil, with a loamy-clay texture, amended with compost and 15-15-15 following the principles of the systems, served as an experimental site. Four varieties (Bintyana, Diana, Soronkadi and CK211) were used. Seven biometric parameters were evaluated and analyzed using Excel, SPSS version and SigmaPlot software for graphics. The highest yields were observed in SRI with the Diana variety (7.11t/ha) in the lead while it recorded the lowest yield in SRT (4.50t/ha). Yield had a strong positive correlation with plant height, number of full grains per panicle, number of tillers per clump and fertile tillers in both systems. However, this correlation was positively weak with panicle length and thousand grain weight in both systems. The present study suggests the adoption of SRI on hydromorphic soils given the high yield of the varieties.

Keywords: rice (*Oryza glaberrima*), performance, rice cultivation, intensive, traditional.

INTRODUCTION

Les systèmes de riziculture intensif (SRI) et traditionnel (SRT) sont actuellement largement pratiqués à travers le monde. Cependant, du point de vue écosystème, le SRI est une approche active de la diminution des gaz à effet de serre ; car la production de méthane est abondamment faible, comparativement au SRT. Il parait être un excellent moyen de réduction du réchauffement et d'acclimatation au mutation climatique [1] ; et semble être meilleur à cause de sa productivité. Selon les riziculteurs qui l'ont adopté, le rendement moyen passe de 2 t/ha à 4 t/ha voire plus ; certains riziculteurs arrivant même à 11 tonnes à l'hectare [2]. Le SRI est une technique de riziculture basée sur une gestion harmonieuse des plants-sols-eau-nutriments sans trop dépendre des engrais minéraux. Par ailleurs, le SRI permet à la plante d'exprimer entièrement son potentiel de production et s'avère être une technique agricole durable, intelligente contre la variation des facteurs climatiques qui favorise les riziculteurs de produire suffisamment de riz paddy avec moins d'intrants (semences, engrais minéraux, d'eau, pesticides) inversement aux pratiques rizicoles anciennes [3].

En République de Guinée, 80 % de la population globale est constituée par des communautés rurales et 79 % de leurs revenus provient de la production agricole. Cependant, cette production agricole du pays est suffisamment prédominée par des exploitations modestes à caractère familial qui représentent largement les activités agricoles villageoises. Ces exploitations utilisent près 95 % des terres cultivables du territoire national et concernent environ 60 % de la population [4]. Les cultures pluviales sont prédominantes ; des superficies insignifiantes pour les cultures irriguées ; les cultures de hautes terres et sur la façade maritime faiblement exploitées [4]. En plus, trois systèmes de culture de riz sont pratiqués suivant les exigences hydriques et sont : la culture du riz pluviale stricte, la culture du riz de bas-fond et la culture du riz irriguée [5]. Parmi les stratégies de développement rizicole, l'adoption du SRI constitue une démarche prépondérante puisque, c'est une approche agro-écologique misant à améliorer le revenu de la culture de riz irrigué en modifiant la gestion des facteurs de la production : plants - sol - eau - nutriments, tout en réduisant l'usage excessif des intrants externes [6]. Il a été difficile d'amener des chercheurs en dehors de Madagascar à prendre suffisamment au sérieux le SRI pour lui donner des évaluations appropriées. Lorsque les méthodes ont été essayées conformément à la théorie et aux pratiques recommandées, les résultats ont été très positifs [7]. Durant ces dernières années la riziculture aura devenu et poursuive d'être la filière la plus agitante par la dynamique de l'accroissement de la production agricole, du fait que le riz occupe la place prépondérante dans l'alimentation des populations guinéennes. De nos jours, comme pour toujours, elle constitue une priorité nationale et elle est majoritairement préoccupante pour le développement des politiques agricoles. Une production suffisante en riz, visée continuellement par les dirigeants politiques comme un défi majeur, a permis le pouvoir central et ses démembrements à mettre plusieurs approches en œuvre pour accroitre la production céréalière comme le riz [4]. Cette étude teste la performance de ces deux systèmes de riziculture SRI et SRT sur les variétés de riz cultivées dans les conditions écologiques de la plaine rizicole de Founkama à Faranah.

MATÉRIELS ET MÉTHODES

Monographie de la Préfecture de Faranah

La Préfecture de Faranah, zone d'étude, est comprise entre les 10°02' et 10° 10' de latitude Nord et entre les 10° 42' et 11°50' de longitude ouest et une altitude moyenne de 340 m. Elle couvre 1 300 km^2 de superficie pour une population de 325 893 habitants dont 168 600 femmes (Direction Régionale du Plan et du Développement de Faranah, 2019). Les quatre principales classes de sols rencontrées sont : ferralitiques, alluviaux, hydro morphes et squelettiques [8]. Son climat est de type soudano-guinéen avec l'alternance de deux saisons bien distinctes : une saison sèche (novembre – avril) et une saison pluvieuse (mai- octobre). La végétation autrefois constituée par des forêts plus ou moins denses a connu assez des modifications sous l'influence des facteurs anthropiques. La température moyenne annuelle de la préfecture est de 27°C (variant entre 15°C et 36°C) et des précipitations en moyenne de 1069,3mm.

Site expérimental

Les travaux de recherches ont été effectués dans la plaine rizicole de Founkama située à la rive droite du fleuve Niger. Cette plaine est située dans la Commune Urbaine de la Préfecture de Faranah en République de Guinée. Elle est limitée au Nord par le Centre de Recherche Zootechnique (CRZ) de Faranah ; au Sud par le quartier Faranah koura ; à l'Est par la route nationale Faranah-Dabola ; et à l'Ouest par le fleuve Niger.

Elle présente une forme irrégulière dont la longueur mesure 2,275 km et une largeur des dimensions variant de 1000 à 1600 m avec une superficie totale de 150 hectares dont 60 aménagés pour la riziculture irriguée. Un micro barrage de retenue d'eau de 120 m de longueur en amont permet l'irrigation de cette plaine. Les coordonnées géographiques du site sont obtenues par une géo référence à travers le GPS Garmin dont les bornes sont : Borne B1 Nord (latitude =309363.513 ; longitude = -1112387.498), Borne B2 Sud (latitude =309361.504 ; longitude = -1112363.796), Borne B3 Sud (latitude =309336.467 ; longitude = -1112364.397) ; et Borne B4 Nord (latitude =309334.050 ; longitude = -1112385.095). (Figure 1).

Figure 1. Carte du site expérimental de la plaine de Founkama

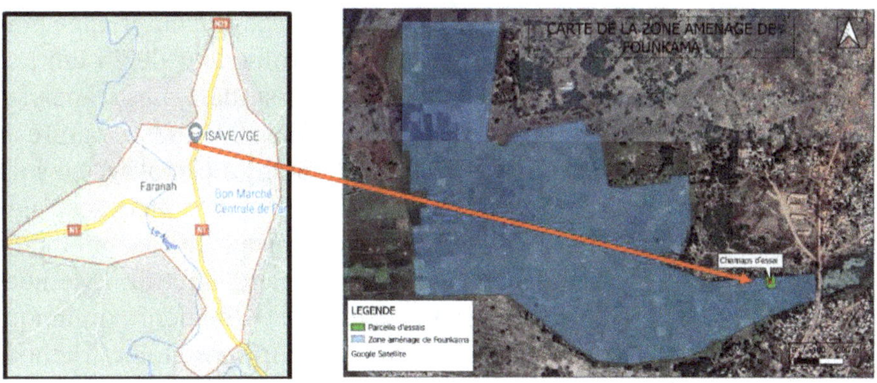

Matériel végétal

Quatre variétés de riz de bas fond dont trois variétés locales (Bintyana, Diana et Soronkadi) et une variété améliorée (CK_{211}) collectées dans les principales zones rizicoles de la Préfecture de

Faranah ont été utilisées. Leur cycle végétatif est de 4 mois selon les producteurs.

Fumures : trois types d'engrais ont été utilisés pour l'essai et sont : (1) le compost à base des déchets solides urbains et de crottins de mouton en provenance de commune urbaine de Faranah, qui a été fourni par N'DAYE 2019. Un échantillon de 500g fut prélevé pour des analyses agrochimiques au laboratoire du SENASOL à Conakry dont les résultats apparaissent dans le tableau 1, (2) le triple 15 qui est un engrais complexe granulé peu hygroscopique, de couleur cendre, titrant de 15 % de chaque élément majeur soit 45 % de matière active, qui a été utilisé comme engrais de fond pour le SRT seul et en combinaison avec le compost pour le SRI ; et (3) l'urée technique qui a été utilisée comme engrais de couverture ; c'est un engrais granulé de couleur blanche, très soluble dans l'eau et très hygroscopique avec une concentration de 46 % en azote.

MÉTHODES

Caractérisation du sol expérimental

Le casier N_5 a servi de site expérimental représenté sur la carte par la couleur verte. La méthode de diagonales croisées fut empruntée pour le prélèvement des spécimens de sol à une profondeur de 25 cm ; un échantillon composite de 500g fut constitué. Les analyses granulométriques et agro chimiques ont été effectuées au laboratoire du Service National des Sols de Guinée (SENASOL) à Conakry. Le sol a une texture limono-argileuse et les résultats des analyses agro chimiques se trouvent consignés dans le tableau 1. Les méthodes d'analyse du sol et du compost sont : granulométrie (Méthode Bouycos), pH (Méthode Électro métrique), matière organique (Méthode Anne), azote N (Méthode Kjeldhal), phosphore (Méthode Bray and kurt II) et potassium (Méthode de BARBIER) effectuées au Service National des Sols de Guinée, 2020.

Caractérisation variétale de la semence utilisée

Après la collecte des quatre variétés, plusieurs phases ont suivi pour le traitement de la semence au laboratoire de Pédologie et Chimie de sols de ISAV de Faranah à savoir :

Un échantillon de 25 grammes a été pesé par variété. Les impuretés (substances étrangères graines de mauvaises herbes ou d'autres espèces) ont été triées puis l'échantillon repesé et la pureté variétale calculé suivant la formule ci-dessous :

$$\% \text{ de la pureté} = \frac{\text{PFP X 100}}{\text{PIP}} \text{ dont PFP= poids final prélevé ;}$$
$$\text{PIP= poids initial prélevé}$$

Le but de cette étude est d'évaluer la vigueur de germination de la semence utilisée puis estimer la norme de semis. Pour ce faire, une boîte de Pétri et un buvard déposé au fond de la boite adoptés ont servi de matériel. Une petite quantité d'eau a été mise sur le buvard ensuite les 100 graines furent déposées. Puis, le test a démarré avec une température de 30 °C pendant cinq journées, les graines germées ont été dénombrés et le pourcentage de germination fut obtenu à partir du rapport des graines germées sur le lot initial de graines, multiplié par cent. Le produit de la pureté variétale et le pouvoir germinatif sur cent a permis de calculer la valeur culturale.

Les 8 traitements suivants ont été étudiés : (1) Bintyana en SRI (V_1I) ; (2) CK_{211} en SRI (V_2I) ; (3) Diana en SRI (V_3I) ; (4) Soronkadi en SRI (V_4I) ; (5) Bintyana en SRT (V_1T) ; (6) CK_{211} en SRT (V_2T) ; (7) Diana en SRT (V_3T) ; et (8) Soronkadi en SRT (V_4T). Le dispositif choisi pour cette étude a été le Bloc Complet Randomisé factoriel constitué de huit (8) traitements répétés quatre (4) fois soit au total trente-deux (32) parcelles élémentaires (Figure 2).

Figure 2. Schéma du dispositif expérimental (factoriel en bloc)

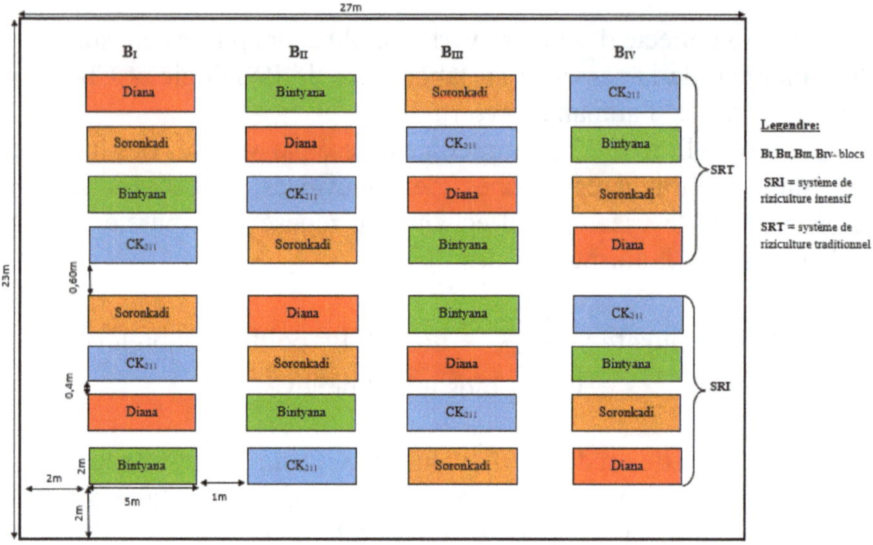

Pour le système de riziculture intensif (SRI), une quantité de 100 g de semence sur 1 m^2 a été semé en pépinière (soit 8kg/ha) pour chaque variété. La terre arabe a été utilisée pour le recouvrement de la semence après le semis. Le repiquage est fait sur un sol bien nivelé mis en boue et plané. Chaque parcelle élémentaire a reçu au préalable une dose de 10 kg de compost et 75 g de fumure minérale triple 15. Au 10ème jour du semis, les jeunes plants de 2 feuilles munis de motte de terre ont servi pour le repiquage (1 plant/poquet en ligne d'un écartement de 25cm × 25cm, d'une densité de 160 plants/10m^2). Les plants ont été arrachés et transportés à l'aide d'une pelle. Après le repiquage, trois sarclo-binages ont été effectués, une dose de 100 kg/ha d'urée a été épandue en 2 fractions (en plein tallage et début de la montaison).

Pour le système de riziculture traditionnelle (SRT), 0,5kg de semences a été utilisé sur une superficie de 5 m^2 (60kg/ha) après le labour et le nivellement. La préparation du sol a consisté au labour, au nivellement, à la mise en boue et à l'épandage de la fumure minérale (150kg/ha de triple 15). Au 30ème jour après semis, les plants adultes arrachés à racines nues ont servi pour le repiquage avec une compacité de 3 plants/poquet en foule et un écartement variable (15cm x 15cm environ soit une densité de 1333plants/10m^2). Deux sarclages réalisés et une dose d'urée technique (titrée de 48 % d'azote) de 150 kg/ha, a été épandue. La gestion de l'eau a été uniforme pour tous les deux systèmes.

SRI

Fertilisation mixte
Plant âgé de 10 jours
Compacité : 1 en ligne
Écartement : 25 cm x 25 cm
Densité : 160 plants / $10m^2$

SRT

Fertilisation minérale
Plant âgé de 30 jours
Compacité : 3 en foule
Écartement : 15 cm x 15 cm environs
Densité : 1332 plants / $10m^2$

Les observations phénologiques ont porté sur les phénophases suivantes : la reprise après repiquage, le tallage, la montaison, la paniculation et la maturation. Ces phénophases ont été observées à 10 % pour leur début et à 75 % pour leur plénitude. Les observations phytosanitaires ont consisté à déterminer la présence ou non des ennemis, maladies ou adventices au cours de l'essai. Elles ont été macroscopiques et ont porté sur l'état de santé des organes végétaux. Les données agrométéorologiques (température, humidité, pluviométrie et le vent) ont été recueillies à la station agrométéorologique de l'Institut Supérieur Agronomique et Vétérinaire de Faranah (ISAV/F) installée dans la station de recherche du Département Agriculture à environ 800 m du site expérimental, pour l'intervalle inclusif de l'essai (juin - décembre 2020).

Les évaluations biométriques ont été effectuées par dénombrement, par pesage et par mesure et ont porté sur les huit (8) paramètres suivants : (1) le nombre moyen de talles par touffe (NMT/T) ; (2) le nombre moyen de talles fertiles par touffe (NMTF/T) sur un échantillon de 16 touffes situées dans l'aire de calcul de chaque variante à la maturation ; (3) le nombre moyen de grains remplis par panicule (NMGP/P) sur 16 panicules prises au hasard dans chaque traitement après la récolte ; (4) le taux d'humidité déterminé par le testeur d'humidité « GRAINER » dont le résultat fut corrigé par le facteur de correction pour l'ajustement du poids des grains d'une humidité donnée au poids des grains à 14 % d'humidité [9] ; (5), le poids moyen de 1000 grains (PMMG) en g à l'aide de la balance électrique de marque «CS200» de précision 0,1g et d'une portée de 200g ; (6) le rendement

(Rdt) en t/ha à l'aide de la même balance électrique précédente avec fractionnement des échantillons ; (7) la hauteur moyenne des plants à la récolte (HMP/R) en cm sur 16 touffes situées sur l'aire de calcul à la maturation; et (8) la longueur moyenne des panicules (LMP) sur 16 panicules dans chaque variante après la récolte.

Pour le seuil d'attaque des maladies et ennemis, la formule citée par [10] a été utilisée.

P % =$(\frac{n}{N})$100 Camara et *al.* (2010) où P **% :** pourcentage d'attaque ;
n : nombre de plants attaques ; **N :** nombre de plants observés ;
100 : facteur d'expression en pourcentage.

Les données des évaluations biométriques ont fait objet d'analyses statistiques à travers les logiciels statistiques **Excel** et **SPSS version 2020** et leurs moyennes comparées à travers le test de la PPDS au seuil de 5 %. Les graphiques sont conçus à l'aide du logiciel **Sigma Plot 12.5.**

RÉSULTATS

Conditions météorologiques du site expérimental

Les données météorologiques (température, humidité relative, pluviométrie et vent) enregistrées pendant la période de l'essai ont donné les résultats suivants : la pluviométrie totale (1658,21 mm), la température moyenne (24,49 %), l'humidité relative moyenne (79,30 %) et la vitesse moyenne du vent (0,91 m/s). L'allure de la variation de la pluviométrie et de la température au cours de l'essai se présente sur la figure 3.

Figure 3 : Diagramme ombrothermique de l'année de l'essai (station agrométéo ISAV. 2023)

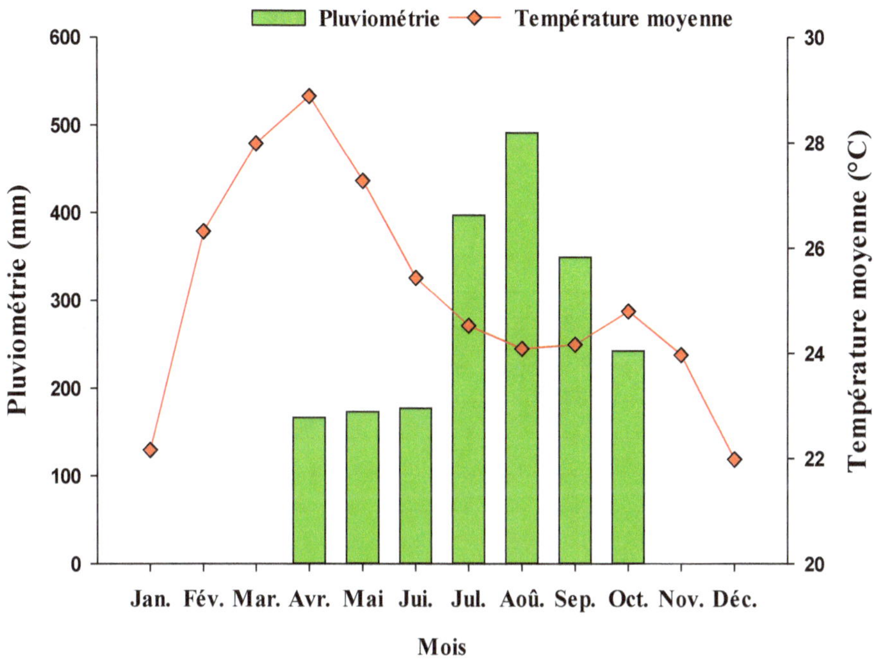

La partie hachurée représente la période de l'essai. Le graphique donne la distribution de la pluviométrie et celle-ci a évolué progressivement avec les besoins hydriques du riz qui se développe en trois phases (végétative, reproductive et maturation) : au début du cycle les besoins de la culture sont faibles, en pleine végétation et pendant la phase reproductive, ils sont élevés et lors de la maturation, ils décroissent. La fluctuation de la température durant cette période de l'essai a été très faible (25,43°C au mois de juin et 21,98°C au mois de décembre).

Sol expérimental et compost utilisé

Les résultats des analyses agrochimiques du sol expérimental et du compost utilisé se trouvent consignés dans le tableau 1. D'après ces résultats, le sol possède un pH assez acide (4,5) d'où l'apport du compost qui a un pH légèrement alcalin est nécessaire pour le rapprochement si possible vers le pH optimum (6-7) de la bonne croissance et le développement du riz. De ces résultats, on constate aussi une minéralisation normale des substances organiques dans le sol comme indique le rapport C/N. L'apport du compost pourra considérablement augmenter le taux assimilable des éléments nutritifs dans le sol.

Tableau 1 : Résultats des analyses agrochimiques du sol et du compost utilisés

Paramètre	**Sol**	**Compost**
pH eau	4,9	7,4
pH kcl	4,5	7,2
Matière organique (%)	4,44	33,85
Azote assimilable (NO_3^-, mg/kg)	111	846,25
Phosphore assimilable ($P_2O_5^{--}$, mg/kg)	126,72	582,03
Potassium assimilable (K_2O, mg/kg)	87,90	1550
Carbone total (%)	2,58	19,69
Azote total (%)	0,22	1,69
C/N	11,72	11,64

Caractéristiques des semences utilisées

Les semences des variétés sont de bonne qualité, car la valeur culturale de chacune d'elles est supérieure à 85 % (tableau 2). La variété Bintyana vient en tête avec 97,20 %, un pouvoir germinatif de 100 % et une pureté variétale de 97,20 % suivies de CK_{211} (97,02 %), Diana (%) et Soronkadi (91,58 %). Ce qui signifie que la semence conserve son aptitude culturale.

Tableau 2 : Caractéristiques semencières

Caractéristiques	**Variétés**			
	Bintyana	CK_{211}	Diana	Soronkadi
%Pureté variétale	97,20	98,00	96,00	96,40
%Pouvoir germinatif	100	99	99	95
%Valeur culturale	97,20	97,02	95,04	91,58

Observations phénologiques

Le tableau 3 montre que la durée de toutes les phénophases a été plus courte en SRI pour les quatre variétés. La reprise a enregistré 1 jour en SRI sur toutes les variétés ; cependant, elle s'étend de 4 jours (Diana) à

8 jours (CK_{211}) dans le SRT. Cette durée de reprise et les conditions nutritionnelles dans lesquelles le riz est entretenu pourraient avoir provoqué la réduction du cycle végétatif des variétés en SRI ; car pour l'ensemble des variétés, on constate que le cycle est plus long en SRT. La performance du SRI du point de vue cycle végétatif s'avère meilleure par rapport au SRT. Le cycle des variétés a varié de 133 jours (CK_{211} et Diana) à 139 jours (Bintyana) en SRI et de 139 jours (Diana) à 149 jours (Bintyana) en SRT.

Tableau 3 : Durée des phénophases par variétés et systèmes (nombre de jours après semis)

Variante	Semis	Repiquage	Reprise			Tallage			Montaison			Paniculation			Maturation			Cycle végétatif
			D	F	d	D	F	d	D	F	d	D	F	d	D	F	d	
B_{SRI}	25/06/2020	10ème	11è	11è	1	17è	21è	5	111è	116è	6	117è	122è	6	134è	139è	6	**139**
B_{SRT}		30ème	38è	44è	7	59è	75è	17	116è	123è	8	121è	131è	11	138è	149è	12	**149**
C_{SRI}		10ème	11è	11è	1	18è	21è	4	107è	111è	5	112è	117è	6	127è	133è	7	**133**
C_{SRT}		30ème	38è	45è	8	60è	77è	17	114è	120è	7	117è	123è	7	131è	140è	10	**140**
D_{SRI}		10ème	11è	11è	1	17è	21è	5	107è	111è	5	112è	117è	6	127è	133è	7	**133**
D_{SRT}		30ème	37è	40è	4	59è	75è	17	114è	120è	7	116è	121è	6	130è	139è	10	**139**
S_{SRI}		10ème	11è	11è	1	17è	21è	5	109è	114è	6	113è	120è	8	129è	137è	9	**137**
S_{SRT}		30ème	38è	43è	6	57è	71è	15	115è	121è	7	116è	125è	10	132è	141è	10	**141**

Légende : D = début ; **F** = fin ; **d** = durée ; B_{SRI} = Bintyana en SRI ; B_{SRT} = Bintyana en SRT ; C_{SRI} = CK211 en SRI ; C_{SRT} = CK211 en SRT ; D_{SRI} = Diana en SRI ; C_{SRT} = CK en SRT ; S_{SRI} = Soronkadi en SRI et S_{SRI} = Soronkadi en SRT.

N.B : le repiquage a été effectué le 10 e jour du semis pour le SRI lorsque les plants n'avaient que seulement 2 feuilles et le 30 e jour pour le SRT au moment où le tallage avait déjà débuté pour certains plants.

Evaluations biométriques des paramètres en fonction des systèmes et variétés

La figure 4a montre que le SRI s'est révélé meilleur sur toutes les variétés du point de vue hauteur moyenne des plants et au niveau de la longueur moyenne des panicules (figure 4b) la tendance est la même avec plus de rapprochement entre les moyennes de deux systèmes. Cette tendance se justifierait par l'effet du type de riziculture sur la croissance et le développement des organes considérés et les possibilités d'amélioration de la hauteur des plants et la longueur des panicules par le SRI.

Figure 4 : Variation de la HMP et de la LMP de quatre variétés soumises aux deux systèmes.

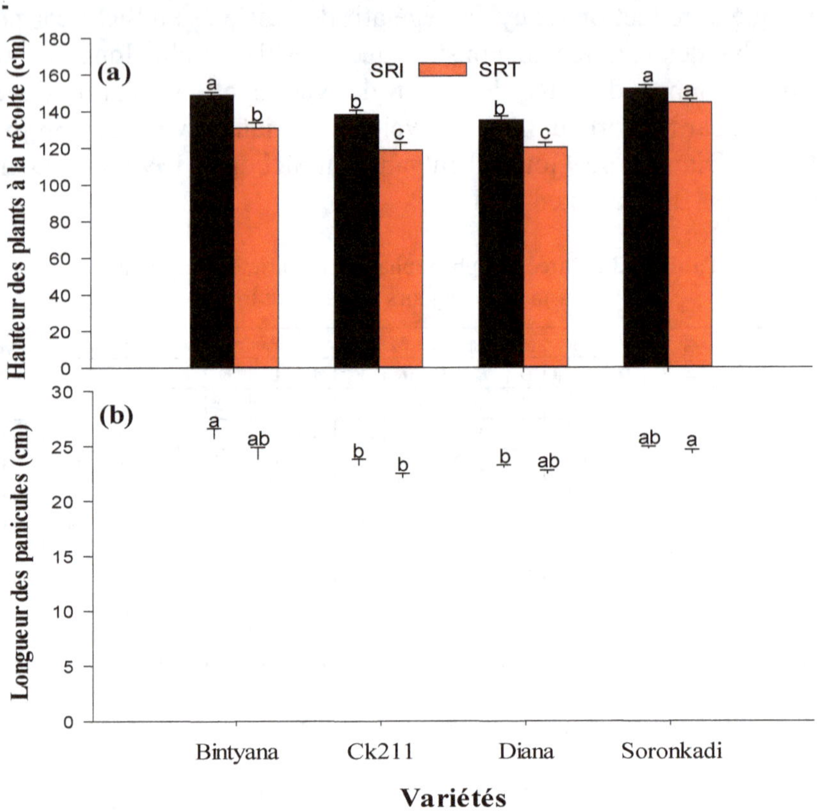

Les variétés portant les mêmes lettres indiquent une différence non significative tandis que celles portant de lettres différentes indiquent une différence significative au seuil de 5 %. Sur la figure 4a ci-dessous, on parvient à noter une forte démarcation entre les deux systèmes sur toutes les variétés donnant le SRI le plus grand nombre de talles par touffe. Par analogie, la figure 4b montre que le SRT a enregistré le plus faible nombre de talles fertiles par touffe. Ces résultats peuvent être dus à la faible densité qu'offre le SRI aux plants de riz permettant à ceux-ci, une bonne aération et une meilleure nutrition pour le bon développement de leur tallage.

Figure 5 : Variation de la NMT/T et de la NMTF/T de variétés aux deux systèmes

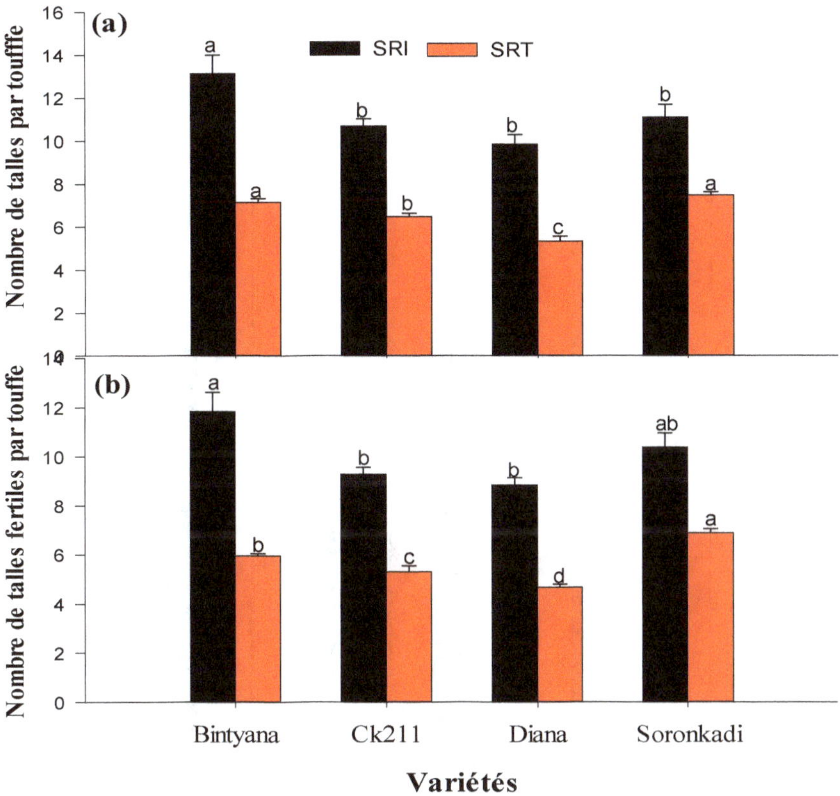

Les variétés portant les mêmes lettres indiquent une différence non significative tandis que celles portant de lettres différentes indiquent une différence significative au seuil de 5 %.

D'après la figure 6a, le nombre moyen de grains pleins par panicule est plus élevé en SRI qu'en SRT pour l'ensemble des variétés étudiées avec une différence plus ou moins importante selon les variétés. Cependant, la figure 6b affiche au niveau du poids moyen de mille grains une différence non significative entre les deux systèmes. En outre, pour le rendement (figure 6c), les meilleures valeurs sont portées par le SRI avec une différence significative entre les systèmes dans chaque variété. Ces résultats sont probablement dus à un équilibre nutritionnel plus ou moins important pour le remplissage des grains par le SRI, un caractère variétal pour le poids moyen des grains et une efficacité agronomique importante du SRI pour le rendement.

Figure 6 : Variation de la NMGP/P, PMMG et du Rdt de variétés aux deux systèmes

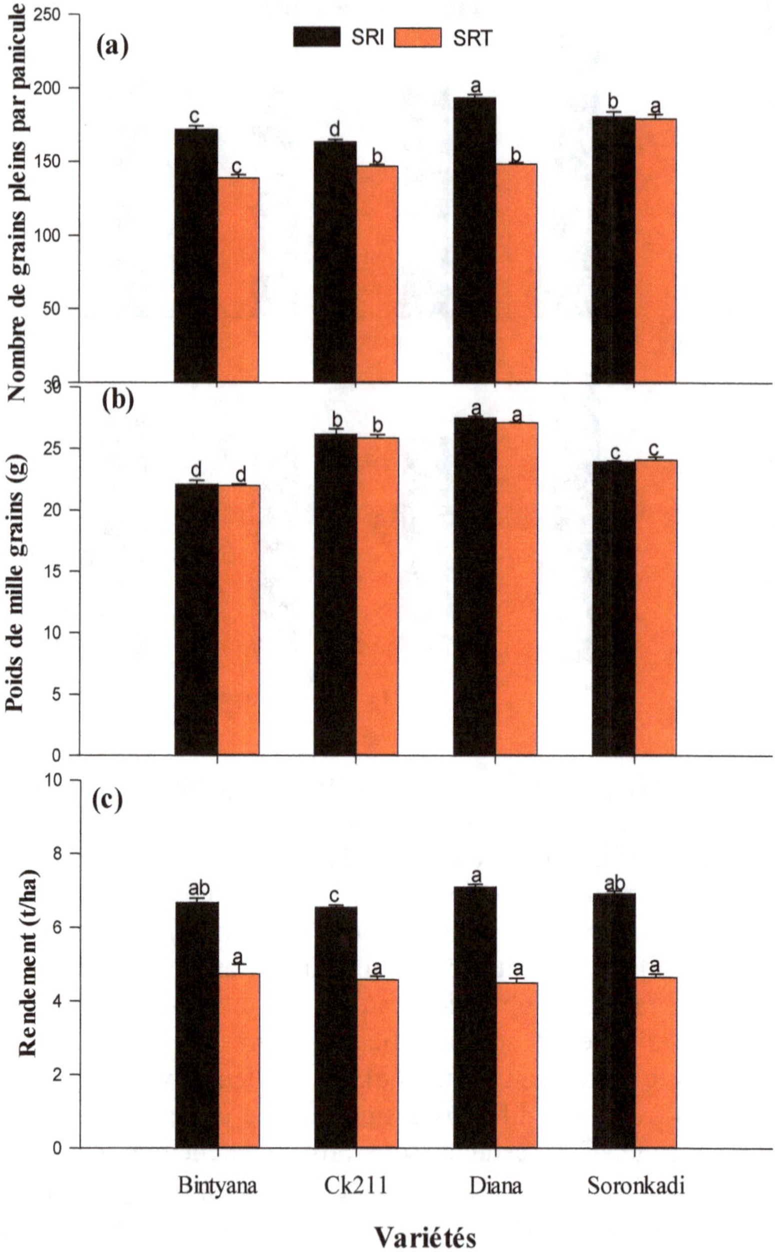

Les variétés portant les mêmes lettres indiquent une différence non significative tandis que celles portant de lettres différentes indiquent une différence significative au seuil de 5 %.

Interdépendance entre les paramètres agromorphologiques

Le tableau 4 montre qu'au niveau des systèmes, seulement le PMMG est resté indifférent ; une différence significative a été présenté au niveau de la LMP et sur les autres paramètres, elle a été hautement significative. Chez les variétés, la différence est hautement significative pour tous les paramètres excepté le Rdt. L'interaction (S x V) est non significative sur les paramètres NMT/T, LMP et PMMG, significative pour les paramètres HMP/R, NMTF/T et Rdt et est hautement significative pour le NMGR/P. Cela pourrait être dû à l'efficacité des systèmes de riziculture utilisés sur les paramètres de production et le potentiel de production des variétés.

Tableau 4 : Effets des systèmes sur les variétés en fonction des paramètres étudiés

Paramètres	HMP/R	NMT/T	NMTF/T	LMP	NMGP/P	PMMG	Rdt
Systèmes	0,00**	0,00**	0,00**	0,01*	0,00**	0,39 NS	0,00**
Variétés	0,00**	0,00**	0,00**	0,00**	0,00**	0,00**	0,27NS
S x V	0,04*	0,07NS	0,03*	0,61NS	0,00**	0,74NS	0,04*

** indique une différence significative au seuil de 1 % ; * indique une différence est significative au seuil de 5 % et **NS** indique une différence est non significative.

Tableau 5 : matrice de corrélation entre les paramètres étudiés.

Paramètres	HMP	NMT/T	NMTF/T	LMP	NMGP/P	PMMG	Rdt
HMP	1						
NMT/T	0,72**	1					
NMTF/T	0,78**	0,98**	1				
LMP	0,71**	0,46**	0,51**	1			
NMP/P	0,65**	0,54**	0,60**	0,36*	1		
PMMG	-0,44*	-0,32NS	-0,32NS	-0,59**	0,16NS	1	
Rdt	0,62**	0,85**	0,87**	0,32NS	0,69**	0,03NS	1

** indique une différence significative au seuil de 1 % ; * indique une différence est significative au seuil de 5 % et **NS** indique une différence est non significative.

Le tableau 6 ci-dessous montre que la corrélation est négative entre le PMMG et tous les autres paramètres étudiés excepté avec le NMGP/P où elle est faiblement négative. Cependant, le Rdt a une corrélation faible et positive avec la LMP et le PMMG et une corrélation positive et hautement significative avec les autres. Tous les autres paramètres entretiennent entre eux une corrélation très forte et positive sauf celle entre le NMGP/P et la LMP où elle est fortement positive. Ces résultats pourraient s'expliquer par une liaison d'interdépendance et d'interaction entre toutes les variables étudiées.

Pour évaluer la performance agro morphologique des systèmes étudiés, une interdépendance entre le rendement et les autres paramètres a été éprouvée à partir de l'analyse de régression. La figure 7 ci-dessous montre une différence significative des moyennes entre le SRI et SRT au niveau de tous les paramètres avec une élévation du SRI. Toutefois, le rendement est faiblement lié à la longueur des panicules dans les deux systèmes, Mais, il est fonction de la HMP et le NMGP/P de façon logarithmique ; exponentielle pour le PMG et linéaire au niveau du NMT/T et du NMTF/T en SRT et SRI. Cette liaison peut se traduire par la physiologie nutritionnelle du riz qui est à la base du développement simultanée de tous ses organes.

Figure 7 : Interdépendance entre le rendement et les autres paramètres agromorphologiques.

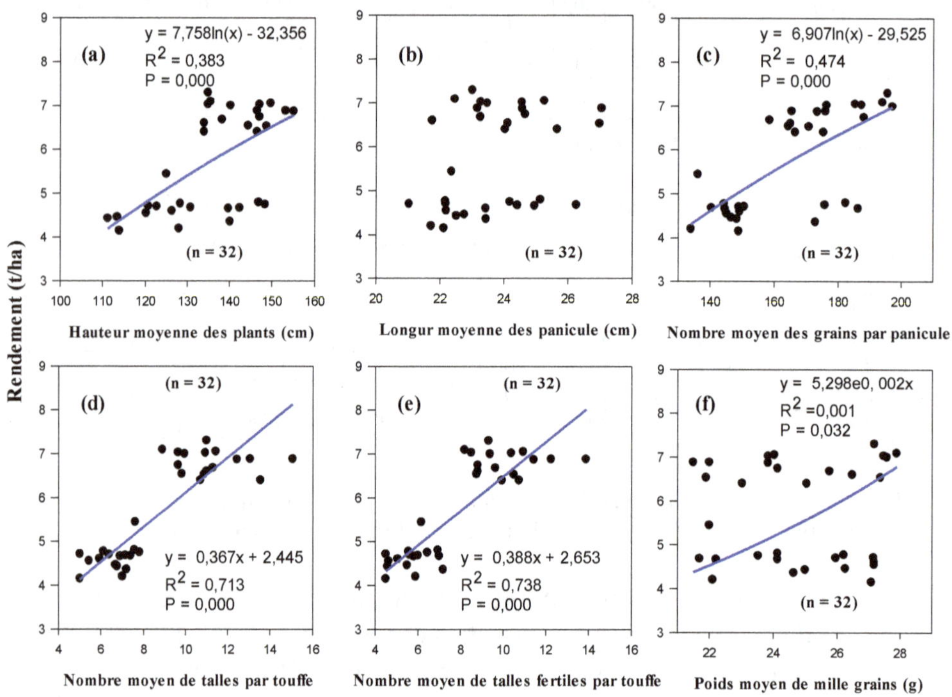

Discussion

Conditions du sol expérimental et le compost dans les systèmes de riziculture

Chaque parcelle élémentaire de $10m^2$ avait reçu une dose de 10 kg de compost et 75 g de triple 15 en SRI contre de 150g de triple 15 en SRT. Cette dose de fertilisation organique en SRI est inférieure à celle donnée par [10] qui recommande aux riziculteurs d'apporter les unités de fertilisants organiques variant de 10 -15 t/ha dans les rizières de SRI. Concernant la pratique de la fertilisation traditionnelle, elle dépendait des riziculteurs eux-mêmes.

Les analyses agrochimiques du compost utilisé ont donné les teneurs suivantes : Carbone total (19,69 %), Azote total (1,69 %), rapport C/N 11,64, matière organique (33,85 %), azote assimilable (NO_3^-, 846,25 mg/kg), phosphore assimilable ($P_2O_5^{--}$, 582,03 mg/kg), potassium assimilable (K_2O, 1550 mg/kg). Ces résultats sont comparables à ceux donnés par [12] sur les caractéristiques des éléments composants le bat guano (engrais organique) à savoir : azote total (3-5 %), rapport C/N (2,98-3,2), matières organiques (30-40 %), phosphore assimilable (P_2O_5 5-10 %), potassium assimilable (K_2O 1,50 %).

Quant aux analyses agrochimiques du sol, les résultats enregistrés montrent une faible teneur de la matière organique (4,44 %), pH_{eau} (4,9), pH_{KCl} (4,5) acide, azote assimilable (111mg/kg), phosphore assimilable (126,72mg/kg), potassium assimilable (87,90mg/kg) nécessitant un amendement pour la culture du riz. Ces résultats approuvent ceux obtenus par [13] qui stipulent que la détérioration de la productivité des sols dans les zones d'exploitations de Quindío, Note Nancy Forero, est donc conjointe notamment aux facteurs de la réduction du rapport des matières organiques. [14] soutiennent aussi que le pH optimum du sol pour la riziculture se situe dans l'intervalle de 6 à 7, toutefois, les variétés de bas-fonds peuvent s'adapter dans des sols dont le pH varie entre 4 et 8. La pluviométrie nécessaire est d'ordre mensuel de 200 mm pour les bas-fonds. La croissance et le développement du riz sont réellement affectés à des températures non définies dans l'intervalle 15°C à 35°C.

Evaluations biométriques des variétés du riz dans les systèmes

Le cycle végétatif réduit de 4 à 10 jours par le système de riziculture intensif selon les variétés n'atteigne pas les résultats de [15] qui stipulent que le riz SRI réduit le cycle végétatif du riz d'environs deux semaines par rapport à l'ancienne méthode. Il favorise une maturation hâtive. Le nombre moyen de talle fertiles obtenu en SRI se situe dans l'intervalle de 8,84±0,30 à 11,84±0,78. Ces moyennes sont conformes à celles données par [16] qui dénotent que, le tallage moyen se situe de 8,3 à 15,46. Cependant, certaines variétés ont une capacité de tallage faible (Yangholal et Bilkissia), d'autres une capacité moyenne (Nérica 19, Bignona et Lamine Badji) ou de forte capacité de tallage (Etoukhal).

Parmi les paramètres agro morphologiques étudiés, seulement le poids moyen de mille grains qui n'a pas démontré la performance agronomique du SRI avec une différence non significative entre les deux systèmes. Ces résultats confirment ceux obtenus par [17] selon lesquels les avantages du SRI sont énormes ; on peut citer entre autres : un rendement élevé ; le tallage abondant pouvant aller jusqu'à 30 talles ou plus ; épis robustes et forts, ainsi on a moins des graines atrophiées et [10] qui soutient aussi, que tous les composants du rendement avaient donné les meilleures valeurs en SRI, par rapport aux parcelles observatrices, et les faibles valeurs sont enregistrées dans les parcelles de pratique traditionnelle. Malgré que les rizières de SRI utilisent 3,5 à 5 fois moins de plants pendant la transplantation, lors de la récolte, le nombre de panicules par unité de surface a atteint 31 % d'augmentation par rapport aux parcelles d'observation. Sur toutes les variétés, le SRI a enregistré le meilleur rendement ; ces résultats certifient ceux donnés par [18] selon lesquels les rendements sont plus élevés dans le système de riziculture intensive. Badiatte présente les meilleurs rendements (459,6 g/m^2) suivi du village d'Essyl (392 g/m^2) et enfin Fanda (330 g/m^2) dans le SRI. Par contre, les rendements dans le SRT sont plus élevés à Essyl qu'à Badiatte.

Corrélations entre les paramètres biométriques

Le rendement a une corrélation faible et positive avec la longueur des panicules et le poids de mille grains. Ces résultats infirment ceux enregistrés par [19] selon lesquels le résultat essentiel est l'obtention d'une relation inversement expressive au seuil de 1 % entre le poids de mille grains et la valeur de la réaction du sol. Sur le sol basique, les valeurs obtenues sont régulièrement inférieures aux sols des essais 1 et 2. Toutefois, ils vont dans le même sens que ceux de [20] qui affirme que les deux paramètres testés (densité et fertilisation) et leurs interactions ont eu des effets non significatifs sur la modification du poids de 1000 grains. Le poids de grains varie en fonction des variétés et il dépend rarement aux techniques de riziculture.

Le rendement d'une part et la hauteur des plants, le nombre de talles par touffe, le nombre de talles fertiles par touffe et le nombre de grains pleins par panicule entretiennent des corrélations très fortement positives dans les deux systèmes. Ceci s'inscrit dans la même logique des résultats obtenus par [20], selon lesquels, les différents facteurs de rendement du SRI ont chacun une influence dont l'importance a été précisée par les rendements obtenus à savoir l'âge de transplantation, la maîtrise de l'eau, le recours aux amendements organiques et le nombre de brins par touffe apportent des améliorations.

Cependant, ces paramètres qui ont montré une corrélation positive et hautement significative avec le rendement dans les deux systèmes sont soutenus par [21] qui affirme que l'emploi des semences à forte densité favorise l'accroissement du rendement et du bénéfice. Par contre, [22] stipulent qu'il est nécessaire de signaler que le rendement entretient une corrélé indirectement avec la croissance végétative du riz selon ses études menées sur « Genetic diversity of rice (*Oryza sativa* L) ».

Le plus grand nombre de grains pleins par panicule a été obtenu avec la variété Diana qui a eu le plus haut rendement avec une corrélation positive hautement significative entre les deux paramètres. Ces résultats convergent avec ceux de [23] selon lesquels, l'évolution du rendement est en grande partie proportionnelle au nombre de panicules par pied pour chaque variété. D'après [24] une corrélation forte existe entre la hauteur des plants, le poids des panicules et le poids des mille grains dans la zone non-salée avec l'apport du biochar. Toutefois, le nombre de talles, les biomasses aérienne et racinaire et le diamètre sont corrélés avec l'amendement du compost dans la zone salée.

CONCLUSION

Les données agrométéorologiques recueillies pendant la période de l'essai et le sol expérimental ont été favorables à la riziculture. Les semences des quatre variétés utilisées avaient toutes une bonne valeur culturale. Les différents systèmes étudiés ont eu une influence sur le cycle végétatif pour chacune des variétés avec une diminution de celui-ci par le SRI de 4 à 10 jours selon la variété. Les paramètres biométriques évalués se sont tous révélés meilleurs en SRI et le plus haut rendement moyen a été enregistré au niveau de la variété Diana en SRI (7,11t/ha) contre (4,50t/ha) en SRT ; suivie de Soronkadi en SRI (6,97t/ha) contre (4,65t/ha) en SRT et le plus faible rendement a été obtenu avec la variété améliorée CK_{211} en SRI (6,56t/ha) contre (4,62t/ha). Tous les paramètres évalués corrèlent positivement entre eux exception faite des cas suivants : le PMMG et HMP ; le PMMG et NMTT/T ; le PMMG et NMTF/T ; le PMMG et LMP. Le rendement a une très forte corrélation positive avec la HMP, NMTT/T, NMTF/T et NMGP/P. L'augmentation du rendement concerne l'ensemble des paramètres de production du riz, mais très peu de la longueur des panicules.

En somme, nous pouvons retenir que sur sol hydro morphe dans la Commune Urbaine de Faranah, la performance agro morphologique de ces quatre variétés (Bintyana, CK_{211}, Diana et Soronkadi) était plus élevée en système de riziculture intensif qu'en système de riziculture traditionnel car tous les paramètres de la production étudiés ont montré une amélioration considérable avec ce système.

BIBLIOGRAPHIE

[1] AGRIDAPE, 2013. Le système de riziculture intensive. *Revue sur l'agriculture durable à faibles apports externes.* Volume 29, ILEIA et IED Afrique Dakar, Sénégal, 36 p.

[2] Corine L., 2008. Le Système de Riziculture Intensive (SRI) face à la crise alimentaire mondiale. Exemples appliqués à Madagascar et au Cambodge. Mémoire de fin d'études présenté en vue de l'obtention du Master « Solidarité, action internationale et développement durable » Institut Catholique de Paris France, 116 p.

[3] Erika S., 2012. Le système de riziculture intensive applications à travers le monde. Présentation au premier atelier Afrique de l'Ouest sur le SRI, 32 p.

[4] Diawara S. et Condé A., 2011. Etude sur la compétitivité du riz local en Guinée IRAG, Rapport Final N° 4- 2011-11. PRESAO, Michigan State University Strengthening Regional Agricultural Integration in West Africa. 24 p.

[5] Boro I. D., 2015. Étude comparative des performances agronomiques et économiques du système de riziculture intensif et des pratiques paysannes de la Vallée du Kou au Burkina.

[6] Erika S. et Devon J., 2014. Amélioration et mise à échelle du Système de Riziculture Intensive en Afrique de l'Ouest SRI Manuel Technique sur le SRI

en Afrique de l'Ouest. Version 2 Août 2014 SRIGRice / CNSGRIZ / PPAAO, 60 p.
[7] Uphoff N., 2002. The system of rice intensification developed in Madagascar.
[8] FAO, 1980. Développement du Service National des Sols Guinée, conclusions et recommandations du projet. AG: DP/GUI/72 ON, Rapport terminal. ROME. 40 p.
[9] Gomez K. A., 1972. Techniques pour les expérimentations au champ sur le riz ; International Rice Research Institute Los Banos, Laguna, Philippines, 56 p.
[10] Camara F., Diallo D., Samoura D., Ouendeno F., 2010. Identification des oiseaux déprédateurs des cultures rencontrés dans le domaine rizicole de Founkama- Commune Urbaine de Faranah. (agrovision 009), 16 p.
[11] Styger E., Attaher M., Guindo H., Ibrahim H., Abba I., Diaty M., Traore M. et Mahamar M. S., 2009. Fiche Technique pour le Système de Riziculture Intensive (SRI) à Tombouctou, Mali Africare, 27 p.
[12] Ramananjanahary, 2012. Contribution à l'étude économique de la fertilité biologique du sol : cas de l'utilisation du guanomad et du guanotsar sur la culture de riz sur les hautes terres de Madagascar. Mémoire de fin d'études. Ecole Supérieure Des Sciences Agronomiques à l'Université d'Antananarivo, 64 p.
[13] Zapata J. E. M., 2019. Les agrochimiques dans le Quindio (Colombie) : analyse axiologique d'un cas de technoscience. Philosophie. Université Panthéon-Sorbonne - Paris I, 2017. Français. ffNNT : 2017PA01H226ff. fftel-01991846, 413 p.
[14] Zingore et Ndiaye K.M., 2014. Guide pour la gestion des systèmes de culture de riz. Consortium Africain pour la Santé des Sols, Nairobi, 56 p.
[15] Gbenou P., 2013. Évaluations participatives du SRI dans la basse vallée de l'Ouémé de Bénin ; l'université d'abomey-calavi spécialité : géographie et gestion de l'environnement option : géoscience de l'environnement et aménagement de l'espace, 213 p.
[16] Ahyi, J. C. P., 2020. Sélection Variétale Participative du riz (*Oryza sp*).de bas-fond dans la zone de Niaguiss en Basse Casamance. Mémoire de master. Université Assane Seck de Ziguinchor (UASZ) (Sénégal), 62 p.
[17] Clavreul J. Y., 2012. Système de riziculture intensive. *Collecte guides pratique du CTA* n°. Avril 2013 - volume 29 n°1 :1-8.
[18] Diedhiou P. C. C., 2019. Etude comparative des rendements et de la rentabilité du Système de Riziculture Intensif (SRI) et du Système Traditionnel dans le département de Ziguinchor. Mémoire de master. Université Assane Seck de Ziguinchor (UASZ) (Sénégal), 53 p.
[19] Dicko M., 2005. Analyse du fonctionnement d'une parcelle de riz irriguée sur sol alcalin. Application à la gestion intégrée de la fertilisation azotée et du calendrier cultural dans le delta intérieur du fleuve Niger (Mali) à Ecole Nationale Supérieure Agronomique de Montpellier 150 p.
[20] http://sri.ciifad.cornell.edu/aboutsri/othercrops/SCImonograph_SRIRice2014.pdf (Consulté le 15 novembre 2020).
[21] Rakotoarison H. A., 2012. Effet de la densité des semences de riz sur le développement des plants et sur le rendement cas des hautes terres, Option Agriculture à l'Université d'Antananarivo Madagascar, 42 p.

[22] Guéi G. R., Sanni K. A., Abamu F. S. and Fawolé I., 2005. « Genetic diversity of rice (*Oryza sativa* L). landraces from Côte d'Ivoire», *Agronomie Africaine*, numéro special, (5) (2005), 17-28.
[23] Guéi G. R., F. Abamu, K. Traoré and Naman S., 2004. «Genetic variability in morphological and physiological traits within and among rice species and their interspecific progenies». *Agronomie Africaine*, 16 (1), 15-32.
[24] Diatta Y., Diedhiou S., Goudiaby A O K., Sagna Y P., Diallo M D et Ndoye I., 2019. Effet des amendements organiques sur la tolérance à la salinité du riz (*Oryza sativa* L) dans les bas-fonds en zone sud-soudanienne au Sénégal. ISSN 1997-342X (Online), ISSN 1991-8631 (Print). *Int. J. Biol. Chem. Sci.* 13(6), 2691-2703.

INVENTAIRE DE LA FAUNE MAMMALIENNE DE LA ZONE CENTRALE DE BOSSOU, PATRIMOINE DE MONTS NIMBA, RÉPUBLIQUE DE GUINÉE
(Titre abrégé : Conservation de la biodiversité)

Niwoly SOROMOU*,
Non-reclassé, Département de Biologie, Faculté des Sciences et Techniques, Université de N'Zérékoré, BP : 50 N'Zérékoré, République de Guinée, niwolysoromou620@gmail.com

Ouo-Ouo TRAORE,
Non-reclassé,, Station Scientifique des Monts Nimba (SSMN), BP 41, Lola, République de Guinée

Moriba I HABA,
Assistant, Département de Gestion des Ressources Naturelles, Faculté des Sciences de l'Environnement, Université de N'Zérékoré, BP : 50 N'Zérékoré, République de Guinée

Labilé Tokpa GBILIMOU,
Non-reclassé, Département de Chimie, Faculté des Sciences et Techniques, Université de N'Zérékoré, BP : 50 N'Zérékoré, République de Guinée

Papa BILIVOGUI,
Assistant, Département de Gestion des Ressources Naturelles, Faculté des Sciences de l'Environnement, Université de N'Zérékoré, BP : 50 N'Zérékoré, République de Guinée

Tamba Kinding LENO,
Département de Gestion des Ressources Naturelles, Faculté des Sciences de l'Environnement, Université de N'Zérékoré, BP : 50 N'Zérékoré, République de Guinée

Pé Louguéa SIMMY,
Assistant, Département de Biologie, Faculté des Sciences et Techniques, Université de N'Zérékoré, BP : 50 N'Zérékoré, République de Guinée

Hamidou BAH,
Maître Assistant du CAMES, Département Agriculture, Institut Supérieur Agronomique et Vétérinaire Valery Giscard d'Estaing de Faranah (ISAV-VGE/F), B.P : 131 Faranah, République de Guinée

Mabetty TOURE,
Professeure des Universités, Département Agriculture, Institut Supérieur Agronomique et Vétérinaire Valery Giscard d'Estaing de Faranah (ISAV-VGE/F), B.P : 131 Faranah, République de Guinée

Résumé : En République de Guinée à l'instar d'autres pays d'Afrique de l'Ouest, les ressources naturelles constituent la principale richesse du développement économique. Malheureusement, l'anthropisation à travers l'usage non rationnel desdites ressources est aujourd'hui, devenue la cause de la perte progressive de la diversité biologique dans les zones rurales. L'étude vise à évaluer l'état de dégradation de la faune mammalienne dans la zone centrale de Bossou. Pour atteindre cet objectif, deux approches complémentaires ont été utilisées. Il s'agit de la technique de questionnaire par reconnaissance opportuniste et la technique de marche de reconnaissance « RECCE » pour collecter des données sur le terrain. Les résultats ont montré qu'un total de 23 espèces de mammifères a été identifié sur le site d'étude. Parmi ces espèces, 48 % appartiennent à l'ordre des rongeurs. Par ailleurs, l'étude révèle que les causes principales de perte de ces mammifères constituent entre autres : l'agriculture (37,41 %) et la chasse incontrôlée (32,65 %). En plus, les populations riveraines accusent la démographie galopante comme raison de l'extinction locale des mammifères. Les observations faites sur le terrain, suivies de la méthode de marche de reconnaissance (recce) ont permis de procéder à une analyse sur les menaces de l'extinction des mammifères endémiques de la Zone Centrale de Bossou. Donc, une étude approfondie serait judicieuse pour cerner l'avenir des mammifères dans l'Aire centrale de Bossou.

Mots-clés : Inventaire, Faune mammalienne, Zone Centrale, Guinée.

Abstract: In the Republic of Guinea, like other West African countries, natural resources constitute the main wealth of economic development. Unfortunately, anthropization through the non-rational use of said resources has today become the cause of the progressive loss of biological diversity in rural areas. The study aims to assess the state of degradation of mammalian fauna in the central area of Bossou. To achieve this objective, two complementary approaches were used. These are the opportunistic reconnaissance questionnaire technique and the "RECCE" reconnaissance walking technique to collect data in the field. The results showed that a total of 23 mammal species were identified at the study site. Among these species, 48 % belong to the rodent order. Furthermore, the study reveals that the main causes of loss of these mammals include, among others: agriculture (37.41 %) and uncontrolled hunting (32.65 %). In addition, local populations blame rapid population growth as the reason for the local extinction of mammals. The observations made in the field, followed by the reconnaissance walking method (recce) made it possible to carry out an analysis on the threats of extinction of endemic mammals in the Central Zone of Bossou. Therefore, an in-depth study would be wise to understand the future of mammals in the Bossou Central Area.
Keywords : Inventory, Mammalian Fauna, Central Zone, Guinea

INTRODUCTION

Les ressources naturelles constituent la première richesse indispensable au développement socio-économique d'une nation. La plupart des mammifères constituent donc des indicateurs biologiques précieux pour comprendre l'état écologique des écosystèmes et proposer des méthodes de gestion durable [1, 2]. De plus, les carnivores tels que les Mangoustes à queue blanche, les chats sauvages et la genette commune se situent au sommet de la pyramide trophique ; leur diversité spécifique est donc un indicateur de l'état écologique et de la biodiversité de l'écosystème [3, 4]. En 2012, un total de 6 419 espèces animales et 3 148 espèces végétales en Afrique étaient répertoriées comme menacées par la Liste rouge de l'UICN [5].

En Guinée, les activités humaines liées au développement socioéconomique contribuent à la détérioration des ressources naturelles en général et des aires protégées en particulier. L'expansion agricole, les chasses anarchiques et incontrôlées des faunes sauvages, etc., sont parmi les éléments qui contribuent à cette dégradation des écosystèmes du pays, [6]. Les conséquences de ces effets sont préjudiciables aux habitats des espèces faunistiques, à priori aux zones protégées, y compris la zone centrale de Bossou [7, 8]. En effet, l'aire centrale de Bossou est une réserve de la Biosphère des Monts Nimba, aujourd'hui exposée à de nombreuses activités humaines. Ce qui entraîne un déséquilibre de son intégrité écologique conduisant à une diminution significative des mammifères. Pourtant, cette forêt fait partie de la réserve de la biosphère des Monts Nimba (patrimoine de l'UNESCO). De cette évidence découle la question de recherche suivante : quelle est l'état actuel des mammifères dans la zone centrale de Bossou ? La présente étude vise à évaluer l'état de dégradation de la faune mammalienne dans la zone centrale de Bossou.

MATÉRIELS ET MÉTHODES

Connaissance de la zone d'étude

La zone a une superficie de 320 hectares et est située au Sud de Bossou ; les deux collines orientées au Nord (Gban-Guein) qui surplombent ce village constituent le biotope naturel de la bande des chimpanzés de la localité. Elle a été instituée et rattachée aux deux premières Collines [9].

Le site de l'Aire centrale de Bossou est à 6 km du contrefort des Monts Nimba et lui est rattaché (ici, il s'agit du site) par un corridor vert qui s'étend de la limite de la zone de transition de l'aire protégée à 18 km de Lola et presque situé au centre de la sous-préfecture de Bossou. Au point de vue géographique, elle occupe le Nord-Ouest de la chaine des Monts Nimba entre 7°40' altitude Nord, 8°30' et 8°32' longitude Ouest, au Sud-Est de la République de Guinée. La figure 2.1 ci-desssous montre la carte de l'Aire centrale dans la sous-prececture de Bossou.

Figure 1. Carte de la zone centrale dans la prefecture de Bossou

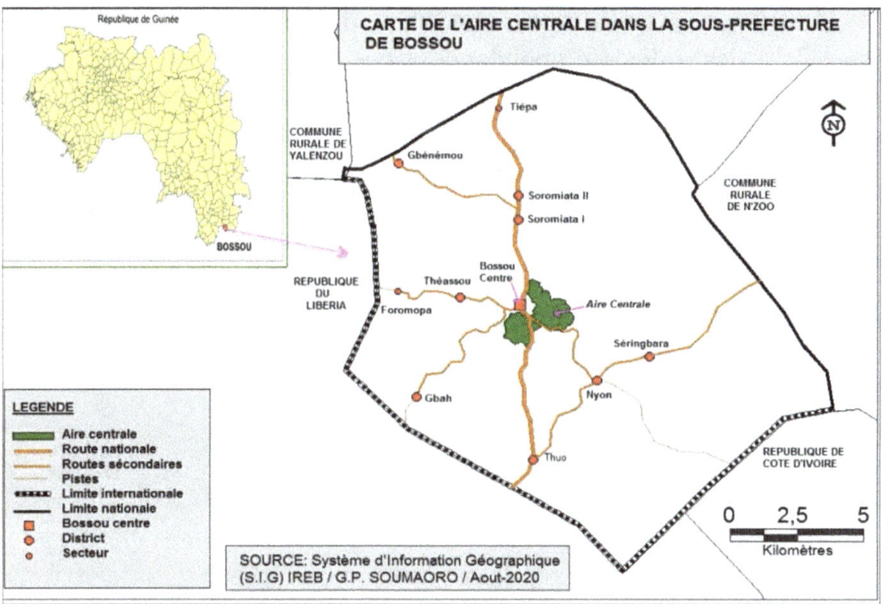

Méthodes de collecte des données

Pour inventorier la faune mammalienne dans l'aire centrale de Bossou, nous avons utilisé deux méthodes : la méthode de marche RECCE [10] et celle des reconnaissances opportunistes [11].

La méthode de RECCE consistait à marcher dans une direction donnée tout en contournant les obstacles et en limitant les dommages causés à la végétation. Le long de ces itinéraires d'inventaire toutes les observations (directe et indirecte) portées sur les mammifères ont été enregistrées dans une prise de note. L'observation directe implique tout contact visuel avec les animaux lors de la marche sur le parcours. Les observations indirectes prennent en compte tous les indices qui prouveraient sans aucun doute la présence de mammifères sur le site. Ces indices comprennent souvent des excréments, des empreintes de pas, des nids, des traces, des restes de nourriture et des sons comme le soulignent certains auteurs [12, 13]. Chaque fois qu'elles trouvent des signes de présence, l'équipe d'inventaire s'arrête pour la caractériser et obtenir des coordonnées géographiques. Toutes les observations sont reportées sur une fiche synthétique conçue à cet effet. Sur la base de notre connaissance de la faune et avec l'appui des guides des Mammifères d'Afrique, les différentes espèces animales observées ont été identifiées.

De même et avec l'usage d'un GPS, la distance parcourue qui a servi au calcul des indices d'abondance a été mesurée en se référant à la méthode de [14]. En effet cette méthode permet l'estimation de l'abondance des espèces à travers le calcul de différents Indices Kilométrique d'Abondance (IKA).

Les reconnaissances opportunistes sont des marches réalisées vers un but bien déterminé, par exemple un endroit connu des populations locales qui peut contenir l'objet l'étude. Elles ont été menées uniquement dans un but de description qualitative et ne peuvent servir aux estimations d'abondance.

RÉSULTATS

Inventaire des mammifères

Au total, 123 indices de présence de faune mammalienne ont été inventoriés dans les différentes collines explorées. Ces indices appartiennent à vingt-trois (23) espèces de mammifères repartis entre six (6) ordres et dix-huit (18) familles (voir figure) ci-dessous.

Figure 2 : Proportion des ordres des espèces de mammifères inventoriés

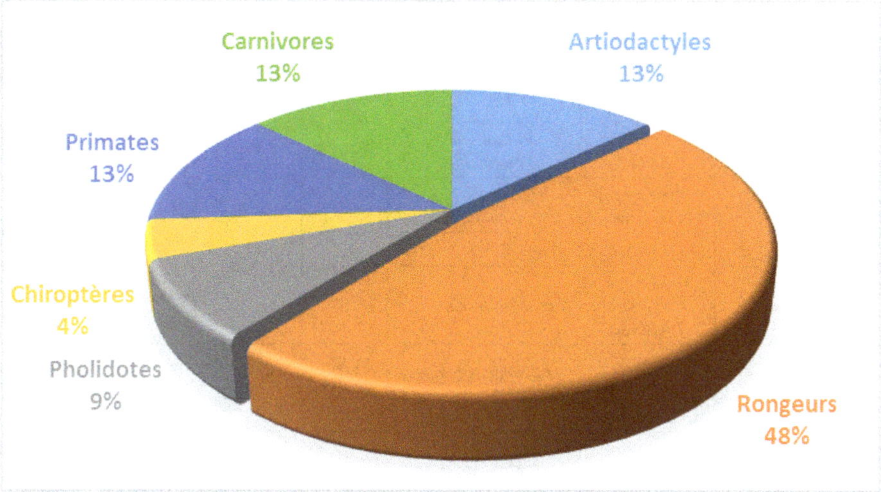

Il ressort de cette figure que l'ordre des Rongeurs (48 %) est le plus représentatif, ensuite viennent les Artiodactyles (13 %), les Carnivores (13 %), les Primates (13 %). Les Pholidotes (9 %) et les Chiroptères (4 %) sont les moins représentatifs de l'ordre des mammifères inventoriés. Certaines espèces n'ont été observées qu'une seule fois alors que d'autres l'ont été plusieurs fois. En outre, le nombre et la proportion des indices de présence de chaque mammifère inventorié sont consignés dans le Tableau 1.

Tableau 1 : Etat du nombre d'observation et de proportion des indices de présence des Mammifères

Ordre	Nom commun	Nom scientifique	Nombre d'observation		NTI	Proportion
			OD	OI		
Artiodactyles	Céphalophe bleu	*Philantomba monticola*	0	3	3	2,43 %
	Céphalophe à d'os jaune	*Cephalophus sylvicultor*	0	2	2	1,62 %
	Guib harnaché	*Tragelaphus scriptus*	0	4	4	3,25 %
Pholidotes	Pangolin à écaille tricupide	*Phataginus trucuspis*	0	1	1	0,81 %
Carnivores	Mangouste à queue blanche	*Ichneumia albicauda*	0	3	3	2,43 %
	Chat sauvage	*Felis silvestris*	0	2	2	1,62 %
	Genette commune	*Genetta genetta*	0	1	1	0,81 %
Primates	Chimpanzé	*Pan troglodytes verus*	11	32	43	34,95 %
	Galago à queue touffue	*Otolemur crassicaudatus*	0	2	2	1,62 %
	Prosimiens	*Perodicticus potto*	0	1	1	0,81 %
	Singe rouge ou Patas	*Erythrocebus patas*	0	1	1	0,81 %
Rongeurs	Souris	*Mastomys erythroleucus*	5	4	9	7,31 %
	Souris naine	*Mus nannomys setulosus*	2	3	5	4,06 %
	Souris à longue patte	*Malacomys cansdelei*	4	3	7	5,69 %
	Rat géant	*Cricetomys emini*	0	3	3	2,43 %
	Aulacode	*Tryonomys swinderianus*	0	5	5	4,06 %
	Pachyure étrusque ou Mysarraine	*Suncus etruscus*	0	4	4	3,25 %
	Atherure	*Atherure africanus*	0	1	1	0,81 %
	Rat de gambie ou Rat voleur	*Cricetomys gambiensis*	0	2	2	1,62 %
	Mangouste brune	*Crossachus obscurus*	0	2	2	1,62 %
	Ecureuil fouisseur	*Xerus erythropus*	6	7	13	10,56 %
	Ecureuil volant	*Anomalurus peli*	1	3	4	3,25 %
Chiroptères	chauve-souris	*Chiroptera sp*	1	4	5	4,06 %
Total			**30**	**93**	**123**	**100 %**

Légende : OD = Observation Directe ; OI = Observation Indirecte ; NTI = Nombre Total d'Indice.

Il ressort de ce tableau que parmi les 123 indices de présence des mammifères étudiés 34,95 % appartiennent aux chimpanzés, suivies de 10,56 % pour l'écureuil fouisseur, ensuite viennent les autres espèces qui ont un taux d'indice inférieur à 10 %.

Causes de la dégradation de la faune mammalienne de la Zone Centrale de Bossou

L'étude révèle cinq (5) principales activités anthropiques (agriculture extensive, chasse incontrôlée, feux de brousse, destruction des forêts et urbanisation) comme principales causes de dégradation de la faune mammalienne de la Zone centrale de Bossou (Figure 3).

Figure 3. Les principales causes de dégradation de la faune mammalienne dans Zone Centrale

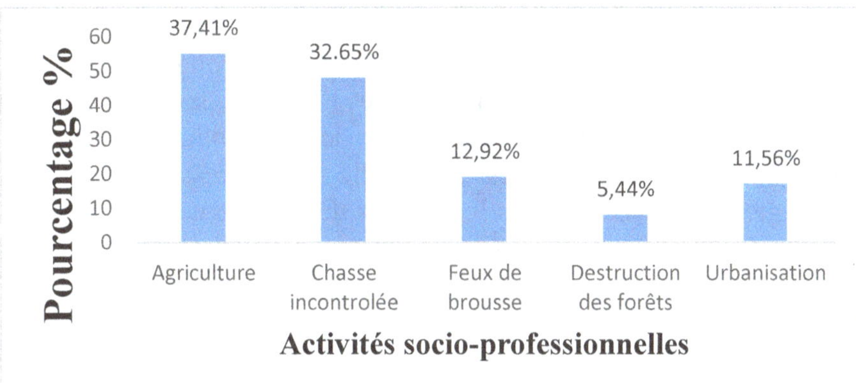

A l'issue de nos enquêtes, sur les 147 personnes enquêtées, 37,41 % mentionnent que l'agriculture demeure comme activités socio-économique responsable de la dégradation de la faune, 32,65 % accusent la chasse clandestine et incontrôlée, 12,92 % estiment que la dégradation est due aux feux de brousse, 11,56 % accusent l'urbanisation et une infirme partie des personnes enquêtées dénoncent que la dégradation de la faune mammalienne de l'aire centrale est due à la destruction des forêts.

Discussion

L'ordre des Rongeurs est, comme mentionné dans la section Résultat, le plus représentatif par rapport à celui des Chiroptères. La présence significative de rongeurs dans cette étude est attribuée à l'abondance de leur alimentation et à la proximité des cultures autour de la zone centrale de Bossou. Ces conclusions contredisent celles de [4] en Côte d'Ivoire. Leurs recherches montrent que les ongulés et les primates sont les mammifères les plus couramment rencontrés dans les forêts classées de la haute Dodo. Les résultats des travaux de [11] dans les parcs nationaux de la Marahoué confirment le nombre et la proportion des indices de présence des mammifères dans la zone centrale de Bossou. De plus, selon la même source, à l'exception du chimpanzé, la conservation de tous les mammifères observés dans cette étude est une préoccupation mineure.

Comme [16], les feux de brousses et l'agriculture à la périphérie de la zone centrale sont les principaux facteurs de dégradation de l'environnement des chimpanzés de Bossou. Les rongeurs considérés comme des espèces commensales de l'homme sont relativement abondants, ce qui pourrait refléter l'impact de l'anthropisation sur la zone centrale de Bossou. Il est indéniable que la pression humaine est particulièrement visible dans les limites de la zone centrale à la zone tampon.

Conclusion

En rappel, les investigations menées dans la zone centrale de Bossou ont pour objectif d'évaluer la faune mammalienne de ce site. Au terme de cette étude, les principaux résultats obtenus ont été réparties en 6 ordres des mammifères (artiodactyles, Primates, Carnivores, pholidotes, Chiroptères et Rongeurs). En plus l'étude a mis en exergue le chimpanzé (*Pan troglodytes verus*) comme l'espèce la plus menacée d'extinction critique et figurent sur la liste rouge de l'UICN depuis 2012. Pourtant, cette espèce présente un symbole emblématique pour la tradition des autochtones de la zone d'étude. Scientifiquement, le chimpanzé de Bossou présente un intérêt mondial dont sa protection demeure une préoccupation des professionnelles de la conservation de la biodiversité. Par ailleurs, l'étude a démontré que l'agriculture et le braconnage laissent un doute sur le maintien de l'équilibre écologique et la survie de ladite espèce dans la zone centrale de Bossou.

BIBLIOGRAPHIE

[1] Gautun J.C., Sankhon I. & Tranier M., 2009. « Nouvelle contribution à la connaissance des rongeurs du massif guinéen des monts Nimba (Afrique occidentale). Systématique et aperçu quantitatif ». ORSTOM, Laboratoire de Mammalogie, B.P. 182, Ouagadougou, Burkina Faso.2DRST, Division environnement, B.P. 561, Conakry, Guinee.3 Museum National d'Histoire Naturelle (Mammiferes), Vol. 50 (2) Buffon, 75005 Paris, 55p.

[2] Kadjo, B., D. Azani, L. Tsague et A. Gomse, 2014, Etat des lieux des populations d'Hippopotames et autres grands mammifères du Parc National de la Marahoué (Côte d'Ivoire), *Agronomie Africaine*,vol. 26 (2), 89-101 pp.

[3] Dahmana A., Azegagh A., Ghilas R., Peyre O., Moali A., 2006. « Etude de l'herpétofaune dans la basse vallée de la Soummam (Algérie) ». Laboratoire d'Ecologie et Environnement, Faculté des Sciences de la Nature et de la Vie, Université A-Mira de Béjaia, Route de Targa Ouzemour, DZ – 06000 Béjaia, Algérie. Actes des Rencontres Méditerranéennes d'Ecologie, Béjaia, 7-9 pp.

[4] Rödel M. O., Hillers A., Loua N. S. 2008. « Assessment of the distribution and conservation status of the viviparous toad *Nimbaphrynoides occidentalis* on Monts Nimba, Guinea ». Institute for Biodiversity and Ecosystem Dynamics, University of Amsterdam, Kruislaan 318, 1098 SM Amsterdam, The Netherlands. ESR Vol. 5 (1). 5:13-19 pp - DOI: https://doi.org /10.3354/esr00099.

[5] Simmy P.L, Sangaré A, Baldé M.A, Camara A, Traore S.M. (2022). « De l'usage de la pharmacopée à la conservation de la diversité floristique : quelle place pour la connaissance indigène en Guinée ? ». Revue RAMReS – Série Pharm.Méd.Trad.Afr., 2022 ; 21(2) :09-19 ISSN 2630-1296-

[6]. Camara, I.S. (2005). Inventaire des grands Mammifères de la zone intégralement protégée (Mafou) du Parc National du Haut Niger pour la conception d'un plan d'aménagement de visualisation éco touristique ». Faranah - République de Guinée ; Mémoire de diplôme d'études spécialisées en gestion des ressources animales et végétales en milieux tropicaux filière : gestion de la faune ; ULG, Communauté française de Belgique ; 72 p.

[7] Sow M, 2003. « Pratique culturelle et conservation de la biodiversité en Guinée », éducation relative à l'environnement, Vol. 4,289-295 pp.

[8] Sangaré A., Simmy P. L., Baldé M. A., Camara A., 2022. « Usage dans la thérapie humaine des plantes consommées par les chimpanzés de Bossou, en République de Guinée » Revue RAMReS – Série Pharm. Méd. Trad. Afr., 2022 ; 21(1) :96-105. ISSN 2630-1296- 96-105 pp.

[9] Maréchal C., 2006. La gestion de la faune en dehors des aires protégées du bassin du Congo. La question des inventaires de grands mammifères dans les forêts aménagées. Mémoire de fin d'études, université de Liège, Belgique, 60 p.

[11] Lungren C. G. & Bouché Ph, 2006. Schéma d'Aménagement pour la Sécurisation des Habitats et des Parcours de la Faune du Parc Régional du W. et

Plan d'aménagement de 4 sites pilotes ECOPAS, UE, Bénin, Burkina Faso, Niger. 380 pp

[12] Poilecot P., Boulanodji E., Ngui T., Taloua N., Djimet B., Singa J. 2005. « Suivi des populations animales grands, moyens mammifères et autruche. Indice kilométrique d'abondance, indice de reproduction, taille des groupes ». Parc National de Zakouma, Tchad. Volet suivi écologique. Rapport final. Montpellier : CIRAD, 55 p.

[13] Goh Denis, 2015. « Le parc national de la Marahoué : De la logique de conservation a la logique de prédation ». Institut des Sciences Anthropologiques de Développement (ISAD), Université de Cocody, Abidjan. European Scientific Journal, vol.11 (8) ISSN: 1857 – 7881, 226-241 pp.

[14] Ikram E. M., Nasser-Eddine Z., Ahmed B., Taoufiq Q., 2015. « Étude faunistique de la forêt d'achemeche Province d'el hajeb/Commune rurale de ras jerry /Maroc ». European Scientific Journal. vol.11 (11) ISSN : 1857 – 7881, pp 334-350

VALORISATION DU COMPOST À BASE DE *CALOPOGONIUM MUCUNOÏDES* DESV EN CULTURE DE POMME DE TERRE À TIMBI-MADINA DANS LA PRÉFECTURE DE PITA

(Titre abrégé : Gestion durable de la fertilité des sols)

Hamidou BAH*,
Maître Assistant du CAMES, Département Agriculture, Institut Supérieur Agronomique et Vétérinaire Valery Giscard d'Estaing de Faranah (ISAV-VGE/F), B.P : 131 Faranah, République de Guinée, hamidoubah@isav.edu.gn

Mamadou Tanou DIALLO,
Assistant, Département Agroforesterie, Institut Supérieur Agronomique et Vétérinaire Valery Giscard d'Estaing de Faranah (ISAV-VGE/F), B.P : 131 Faranah, République de Guinée

Amara CISSE,
Assistant, Département Agriculture, Institut Supérieur Agronomique et Vétérinaire Valery Giscard d'Estaing de Faranah (ISAV-VGE/F), B.P : 131 Faranah, République de Guinée

Mabetty TOURE,
Professeure des Universités, Département Agriculture, Institut Supérieur Agronomique et Vétérinaire Valery Giscard d'Estaing de Faranah (ISAV-VGE/F), B.P : 131 Faranah, République de Guinée

Sara Bailo DIALLO,
Professeur des Universités, Centre de Recherche et de Gestion du Système National de Recherche Agronomique, Zootechnique et Halieutique (CRG-SNRAH), Immeuble Diakhaby Industries Sangoyah-T4, B.P : 561 Conakry, République de Guinée

Résumé : La majorité des exploitations agricoles à travers le monde ont des problèmes avec la gestion de la fertilité des sols. Au Fouta Djallon, les sols exploitables sont plus ou moins dégradés, et le cheptel d'élevage disponible ne peut couvrir les besoins en fumier. Les engrais chimiques, sont chers, parfois rares et souvent méconnus des paysans. C'est pourquoi, pour gérer et maintenir la fertilité des sols ; la technique de compostage est accessible à tous les exploitants agricoles, et permet de produire sur place, des quantités importantes de fumure organique qui est le compost. L'essai a été réalisé au champ dans la Commune Rurale de Timbi Madina. L'objectif assigné à la présente étude était la valorisation du compost dans la production de la pomme de terre. L'essai a été conduit sur un BCR (Bloc Complet Randomisé) à trois traitements de compost (D0= 0 témoin) ; (D20=20 t/ha) et (D30=30 t/ha) répétés trois fois sur un sol ferrallitique acide à texture argileuse, pauvre en éléments nutritifs, avec un taux faible de matière organique. La NICOLA (variété de pomme de terre) a été utilisée. Des méthodes de prospection classique, de compostage et de recherche au laboratoire ont été utilisées. A l'issue des résultats, il ressort que le compost à base de *Calopogonium mucunoïdes* DESV a permis d'améliorer les propriétés texturales, et physico-chimiques du sol. Les différentes doses choisies ont eu des effets significatifs sur les paramètres d'études et les analyses statistiques montrent que, la fertilisation a permis d'augmenter la quantité de pommes de terre gros calibres, ce qui du coup a diminué la quantité de pommes de terre déclassées. Pour conclure, l'application du compost à base de *Calopogonium mucunoïdes* DESV permet de gérer de façon durable la fertilité des sols de Timbi Madina.

Mots-clés : *Calopogonium mucunoïdes* DESV, éléments nutritifs, pomme de terre (*Solanum tuberosum*), compost, gestion durable.

Abstract: Around the world, the soil soil fertility management is a mojor problem for agricultural activities. In Fouta Djallon, the exploitable soils are more or less degraded, and the available livestock cannot cover the manure needs. Chemical fertilizers are expensive, sometimes rare and often unknown to farmers. This is why, to manage and maintain soil fertility; the composting technique is accessible to all farmers, and allows large quantities of organic manure, which is compost, to be produced on site. The trial was carried out in the field in the Rural Commune of Timbi_Madina. The objective of this study was the valorization of compost in sustainable management of soil fertility. The experiment was conducted on a BCR (Randomized Complete Block) with three compost treatments (D0= 0 control); (D20=20 t/ha) and (D30=30 t/ha) with three replicates on an acidic ferralitic soil with a clay texture, poor in nutrients, with a low level of organic matter. The NICOLA potato variety was used. Classic prospecting, composting and laboratory analyses methods were used. The results showed that the compost based on *Calopogonium mucunoides* DESV improved the textural and physicochemical properties of the soil. The different compost application rates had significant effects on the studied parameters and the statistical analyzes show that fertilization increased the quantity of large potatoes, which therefore reduced the quantity of the broken potatoes. We conclude that the application of compost based on *Calopogonium mucunoides* DESV could sustainably managed the fertility of the soils of Timbi Madina.

Keywords : *Calopogonium mucunoïdes* DESV**,** nutrients, potato (*Solanum tuberosum*), compost, sustainable management.

INTRODUCTION

Les régions Africaines ont une population qui continue d'augmenter avec une tendance actuelle se manifestant par le déclin de la fertilité des sols est devenue plus pressante [1, 2]. L'amélioration de la fertilité du sol pourrait contribuer au développement économique rural et national, à la sécurité alimentaire à long terme et à l'amélioration du niveau de vie des agriculteurs tout en réduisant l'exode rural et la dégradation de l'environnement [3,4]. Selon Devisscher [5], tout d'abord, la matière organique du sol est essentielle à la vie des micro-organismes et, avec le complexe argilo-humique, constitue une réserve importante en ions nécessaires à l'alimentation des végétaux.

Les activités économiques en Afrique subsaharienne reposent essentiellement sur l'agriculture, la diminution de la productivité des sols implique non seulement une diminution de la quantité de nourriture produite, mais également une menace pour la production de cultures de rente destinées à l'exportation [1,6]. Par conséquent, la gestion de la fertilité du sol consistait à maintenir son potentiel productif en appliquant des doses recommandées de fumure organique et minérale sur diverses cultures [7]. Ensuite Mara et col. [8] opinent que le *Calopogonium mucunoïdes* (DESV) améliore considérablement les propriétés chimiques et biologiques du sol. Faire l'enfouissement dès la floraison de la plante, c'est à ce stade de développement que la plante contient moins de matières cellulosiques et qu'elle peut être facilement décomposée par les micro-organismes du sol, et elle peut également fournir le maximum de matières nutritives aux plantes [8]. Le compostage consiste en une biodégradation aérobie (en présence d'oxygène) des déchets et résidus organiques. Le compostage aboutit à la formation d'un produit stable et riche en substances humiques appelées compost ; il s'agit d'un processus à la fois consommateur et producteur de chaleur [9]. Selon Soudi [9], un compostage techniquement bien pratiqué permet de générer un produit d'amendement d'une excellente valeur. Du point de vue agronomique, l'apport de compost est crucial pour maintenir une bonne qualité du sol afin de répondre pleinement aux besoins des plantations [5,10]. Le compost présente des avantages considérables en matière d'agriculture, d'économie et d'environnement. Le compost est un excellent produit d'amendement du sol qui améliore de nombreux paramètres de fertilité physique et chimique du sol [11, 12].

D'après Dotchev [13], pour la fertilisation de la pomme de la terre au Fouta Djallon, les formules organiques suivantes peuvent être recommandées à savoir le fumier d'étable avec 30t/ha ; le compost avec 25-30t/ha et le crottin de mouton avec 5t/ha. D'autres auteurs comme Bokx et al. [14] admettent que le rendement des pommes de terre est de 30-40 t/ha en Europe et 12-15t/ha en Guinée. Par ailleurs, en République de Guinée en général et au Fouta Djallon en particulier, les agriculteurs n'ont pas suffisamment d'argent, ni de compétences nécessaires pour gérer les ressources en fumure organique existantes. Cela, malgré l'aptitude agronomique qu'offrent les sols de la région du Fouta Djallon à la culture de la pomme de terre [15]. C'est dans cette optique qu'il existe en plus, une alternative pour pallier à toutes ces préoccupations dans la satisfaction des besoins des agriculteurs en appuis scientifique, technique et institutionnel adéquats. Le procédé le plus simple et le plus complet consiste à initier et apprendre les agriculteurs, à produire et utiliser du compost à base de matériaux locaux pour accroître le rendement des cultures, et la gestion plus efficace de la fertilité de leurs sols. Le but de cette étude est de valoriser le compost à base de *Calopogonium mucunoïdes* DESV en production de la pomme de terre pour la gestion de la fertilité des sols en Guinée en général et dans la Préfecture de Pita en particulier.

MATÉRIELS ET MÉTHODES

Présentation de la zone d'étude

Cette étude a été réalisée au Centre de Recherche Agronomique de Bareng (CRAB) situé dans la Commune rurale de Timbi-Madina. La Commune Rurale Timbi-Madina est située dans la zone Nord de la Préfecture de Pita, à 3 km de la Commune Urbaine. La Commune Rurale Timbi-Madina est limitée à l'est par la préfecture de Labé, à l'ouest par la Commune Rurale de Ninguélandé, au nord par la préfecture de Lélouma et au sud par la Commune Rurale de Timbi-Tounni. La Commune rurale Timbi-Madina se situe sur le plateau central de Fouta Djallon dont l'altitude varie de 900-1200m et se compose d'une vaste plaine couvrant plus de trente mille hectares soit une superficie de 300 km^2. Sa population, de 55 724 habitants dont 28 976 femmes est repartie en 14 districts et 49 secteurs. La langue parlée est le poular avec une dominance musulmane au sein de la population. Elle a un climat de type foutanien avec un relief généralement peu accidenté. La faune reste représentée par des petits animaux sauvages de plus en plus rares. Il y existe quelques galeries forestières et 49 ha de terres reboisées. Les cours d'eau importants sont : le fétoréwol, le koubiwol et le Kassawol [16].

Matériels biologiques

Calopogonium mucunoïdes (DESV) : la biomasse utilisée est constituée uniquement de *Calopogonium mucunoïdes* (DESV) coupée et laissée au séchage naturel pendant 48 heures. Elle était semi-humide au moment du montage de la compostière.

Pomme de terrre *(Solanum tuberosum)* **:** la présente étude a porté sur une variété importée « NICOLA » couramment cultivée par les paysans membres de la fédération des Paysans du fouta djallon, c'est une variété semi-hâtive (90 jours), plants certifiés, calibre 35mm x 45mm, germes courts et robustes. Cette variété a été importée auprès du SYNDICAT D'ARTOIS-BAPAUME (plants certifiés avec passeport phytosanitaire règles et normes) emballé le 18 Octobre 2011 ; par la Fédération des Paysans de Timbi-Madina. Espèce : *Solanum tuberosum ; Variété : NICOLA ; Classe A (35/45mm) ; N°Lot : F2 201 040 0010 1 (Syndicat d'Artois-Bapaume) ; Certificat 890T 540810 WY ; N°imp : 26200004 ; Pays de production : France ; Poids déclaré net : 25kg. N°CP : 043706.* C'est une pomme de terre destinée à l'usage exclusif semencier, sa consommation n'est pas recommandée car les informations ci-dessus ne sont pas vérifiées par le Syndicat de Défense des Consommateurs (SDC- France). Elle a été choisie à cause de son rendement élevé, son appréciation sur le marché et sa teneur faible en matière sèche qui lui confère une qualité culinaire appréciable.

Méthodes

Description de la méthode de compostage

Dans le cadre de cette étude, il a été réalisé une compostière aérienne avec alternance des couches de matériaux d'origine végétale (*Calopogonium mucunoïdes* (DESV)) et d'adjuvant d'origine animale (fumier de ferme), tous récoltés à l'état semi-humide. Les couches alternes avaient les épaisseurs respectives de 25 cm pour les matériaux et 5 cm pour les adjuvants. Le tout reposant sur un lit absorbant de termitières champignons, de 10 cm d'épaisseur qui avait pour rôle de récupérer les éléments susceptibles de se lixivier pendant la décomposition. La compostière montée avait un volume de 4,5 m^3 soit 2 m de long, 1,5 m de large et 1,5 m de hauteur. Le compostage a duré 58 jours.

Au moment du montage chaque couche a été arrosée à l'eau de forage et après la saison des pluies, l'arrosage a continué à raison de 180 litres par semaine apportés une seule fois sur la compostière. Pour le prélèvement des échantillons, la méthode de sondage a été utilisée.

Cette couche a été analysée, de même que la termitière récoltée à l'état naturel, pour faire ressortir la récupération des éléments nutritifs lixiviés pendant le compostage. Le fumier utilisé pour la réalisation de la compostière, provient d'une ferme avicole située dans le quartier Aviation, Commune Urbaine de Faranah ; c'était un fumier semi-humide conservé dans une fosse à fumier.

Caractéristiques du sol expérimental

Le sol de l'essai est ferrallitique, de texture argileuse, à pH fortement acide, à faible teneur en matière organique et en NPK assimilables. La somme de bases échangeables est très basse, sa capacité d'échange cationique (CEC ou T) basse, selon les résultats d'analyse du sol aux laboratoires. La parcelle a connu une rotation de cultures selon le schéma suivant : la pomme de terre, le riz d'intersaison, le maïs et de l'arachide combiné ; c'est une parcelle en exploitation toute l'année, et le couvert végétal est essentiellement herbacé.

Dispositif expérimental

Le dispositif expérimental utilisé dans le cadre de la présente étude est le BCR (Block Complet Randomisé) ou bloc de Fisher comportant trois variantes (D0 : témoin ; D20 : 20 T/ha de compost et D30 : 30 T/ha de compost) répétées trois (3) fois, soit neuf parcelles élémentaires. La longueur d'une parcelle est 5 m sur une largeur de 3,50 m soit une superficie parcellaire de 17,50 m^2.

Méthodes d'analyses physiques et agrochimiques du sol et du compost

Des méthodes d'analyses physiques et agrochimiques des différents échantillons (sol, termitières champignons, lit absorbant et compost) en vigueur ont été effectuées dans les laboratoires de SENASOL-GUINEE. Les paramètres analysés ont été les suivants : la granulométrie en pourcent (%) par la densimétrie de BOUYOUCOS, le pH à l'eau distillée, le taux de matière organique en pourcent (%) par la méthode ANNE, l'Azote (N) assimilable en pourcent (%) par la méthode KJELDHAL, le phosphore (P_2O_5) assimilable en pourcent (%) par la méthode de BRAY N°2, le Potassium (K_2O) assimilable en pourcent (%) par la méthode de complexométrie, la somme des bases échangeables (S) en milliéquivalent par 100g (méq/100g) de l'échantillon considéré par différentes méthodes : le spectrophotométrie pour le dosage du Sodium et du Potassium et par complexométrie pour le dosage du Calcium et du Magnésium, la capacité d'échange cationique en milliéquivalent par 100g (meq/100g) de l'échantillon par la méthode d'Acétate d'ammonium et le taux de saturation en bases en pourcent (%).

Observations météorologiques

Les données climatiques ont été observées à la station météorologique du Centre de Recherche Agronomique de Bareng (CRAB) à Timbi-Madina (Pita).

Evaluations biométriques

Les évaluations biométriques de la pomme de terre ont porté sur le rendement en petits calibres, le rendement en gros calibres, le rendement parcellaire et le rendement total par pesage et par extrapolation.

Analyse statistique des données

L'analyse statistique des données collectées a été effectué à l'aide des logiciels statistiques (Microsoft Excel 2016, IBM SPSS version

2022 et Sigma plot version 12.5). Des analyses statistiques des données aussi ont été effectuées conformément au dispositif choisi. La méthode d'analyse de variance (ANOVA) a été appliquée aux différents paramètres étudiés.

RÉSULTATS

Observations météorologiques

Les données moyennes climatiques observées à la station météorologique au cours de l'essai ont été : pluviométrie moyenne (6 mm en jours), température moyenne (21,43°C) et humidité relative moyenne (38,16 %) durant la période de janvier à mars 2012.

Analyse des échantillons de sol, du lit absorbant, de la termitière et du compost

Les résultats des analyses granulométriques effectuées sur les échantillons de sol du lit absorbant, de la termitière champignon et du compost apparaissent dans le Tableau 1.

Tableau 1 : Résultats des analyses granulométriques des échantillons

Echantillons	Granulométrie (%)					Texture
	A	Lf	Lg	Sf	Sg	
Sol (20 cm) de profondeur	59,00	10,00	10,00	8,00	12,00	Argileuse
Lit absorbant (termitière champignon)	40,00	14,00	6,00	16,00	24,00	Argilo-sableuse
Termitière champignon	36,00	4,00	10,00	20,00	30,00	Sablo-argileuse
Compost	13,70	4,00	2,00	32,00	48,00	-

NB : A : argile ; Lf : limon fin ; Lg : limon grossier ; Sf : sable fin ; Sg : sable grossier.

L'analyse granulométrique a mis en évidence une variété ou diversité de textures. Celle-ci s'étalent de la texture argileuse pour le sol, argilo-sableuse pour le lit absorbant et sablo-argileuse pour la termitière champignon. Par rapport à la variation de la texture des termitières champignons après compostage, l'accent sera mis sur l'absorption de particules fines. Le compost produit a produit les caractéristiques suivantes : structure macroscopique ayant les mêmes dimensions de particules que le sable (48,00 % de Sable grossier et 32,00 % de Sable fin) contre 13,70 % d'éléments fins correspondant à l'argile ; 4,00 % d'éléments semblables au Limon grossier et 2,00 % d'éléments correspondant au limon fin. Les résultats des analyses agrochimiques des échantillons de sol, du lit absorbant, de la termitière champignon et du compost sont consignés le Tableau 2.

Tableau 2 : Résultats des analyses agrochimiques des échantillons

Echantillons	P^H (H_2O)	M.O (%)	N assi (%)	Passi (%)	Kassi (%)	S (méq/100g)	CEC (méq/100g)	V (%)
Sol	5,10	2,80	1,10	0,35	0,57	3,10	9,15	33,00
Lit absorbant (termitière)	6,60	3,65	1,44	0,62	0,61	4,23	12,66	33,41
Termitière champignon	6,50	3,40	1,34	0,52	0,37	3,32	10,78	30,79
Compost	9,30	6,13	2,43	0,92	1,17	6,23	13,48	46,21

On constate, une variation remarquable du taux de saturation en base allant de 30.7 % pour la termitière champignon à 46.21 % pour le compost, alors que pour le P^H eau, la différence va de 5.10 pour le sol à 9.30 pour le compost. Pour les autres paramètres agrochimiques analysés, les résultats montrent à peu près le double pour le compost, sauf la capacité d'échange cationique (CEC). Le compost produit a : un pH-eau fortement basique, des teneurs en matière organique et en azote assimilable très élevées, une très faible teneur en phosphore et potassium assimilables, un bon taux de saturation en bases, une somme en bases échangeables et une capacité d'échange cationique faibles. Les résultats des analyses agrochimiques de la termitière champignon et du lit absorbant sont présentés dans le Tableau 3.

Tableau 3 : Analyses agrochimiques de la termitière champignon et du lit absorbant

Echantillons	P^H (H_2O)	M.O (%)	Nassi (%)	Passi (%)	Kassi (%)	S (méq/100g)	CEC (méq/100g)	V (%)
Termitière champignon	6,50	3,40	1,34	0,52	0,37	3,32	10,78	30,79
Lit absorbant (termitière)	6,60	3,65	1,44	0,62	0,61	4,23	12,66	33,41
Différence entre le lit absorbant et la termitière	0,10	0,25	0,10	0,10	0,24	0,91	1,88	2,62

Pour l'ensemble des paramètres agrochimiques, les analyses ont été faites pour répondre à la question de savoir est-ce que le lit absorbant peut limiter les pertes en éléments nutritifs. Il a été constaté que le lit absorbant contient des éléments lixiviés, ce qui prouve à suffisance une diminution des pertes d'éléments qui pourraient, du compost s'infiltrer dans le sol. Le Tableau 4 montre la différence entre le lit absorbant, le compost et le sol.

Tableau 4 : Différence entre le lit absorbant, le compost et le sol

Echantillons	pH (H_2O)	M.O (%)	N assi (%)	Passi (%)	Kassi (%)	S (méq/100 g)	CEC (méq/100 g)	V (%)
Sol	5,10	2,80	1,10	0,35	0,57	3,10	9,15	33,00
Lit absorbant (termitière)	6,60	3,65	1,44	0,62	0,61	4,23	12,66	33,41
Compost	9,30	6,13	2,43	0,92	1,17	6,23	13,48	46,21
Moyenne lit absorbant et compost	7,95	4.89	1,93	0,77	0,89	5,23	13,07	39,81
Différence entre les apports et le contenu du sol	2.85	2.09	0.83	0.42	0.32	2.13	3.92	6.81

Le Tableau 4 laisse constater aisément qu'il y a eu une forte variation du taux de la matière organique (2,80 à 6,13 %), du taux de saturation en bases (33 à 46,21 %) et du pH (5,10 à 9,30), la variation a été faible pour les autres paramètres tels que l'azote assimilable (1,10 à 2,43 %), phosphore assimilable (0,35 à 0,92 %) et potassium assimilable (0,57 à 1,17 %).

Effet du compost sur les rendements de la pomme de terre

La Figure 1 montre les rendements en petits calibres et gros calibres de la pomme de terre.

Figure 1. Effet du compost à base de *Calopogonium mucunoides* sur le rendement des pommes de terre en petits (a) et gros calibres (b).

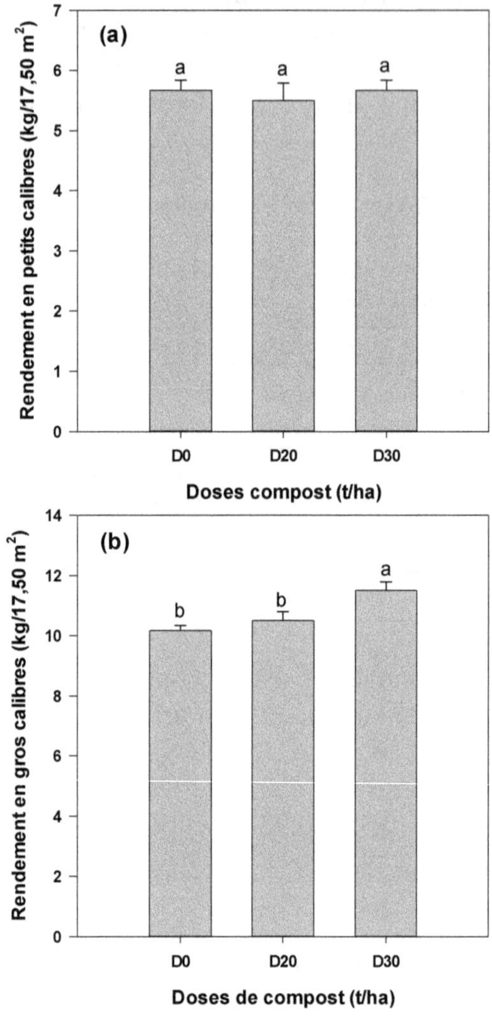

Légende : D0 : dose témoin, D20 : dose de 20 t/ha et D30 : dose de 30 t/ha. Les valeurs ayant les mêmes lettres indiquent des différences non significatives ($P < 0,05$) et les valeurs ayant de différentes lettres indiquent des différences significatives ($P < 0,05$).

Le rendement en petits calibres indique une différence significative entre les doses de compost (Fig. 1a). Cependant, une différence significative ($P < 0,05$) a été observée au niveau du rendement en gros calibres (Fig. 1b) ; mais une différence non significative ($P > 0,05$) entre D0 et D20.

La Figure 2 montre les rendements parcellaire et total de la pomme de terre.

Figure 2. Effet du compost à base de *Calopogonium mucunoides* sur le rendement parcellaire et total des pommes de terre. **Légende :** D0 : dose témoin, D20 : dose de 20 t/ha et D30 : dose de 30 t/ha. Les doses ayant les mêmes lettres indiquent des différences non significatives (P < 0,05) et les doses ayant de différentes lettres indiquent des différences significatives (P < 0,05).

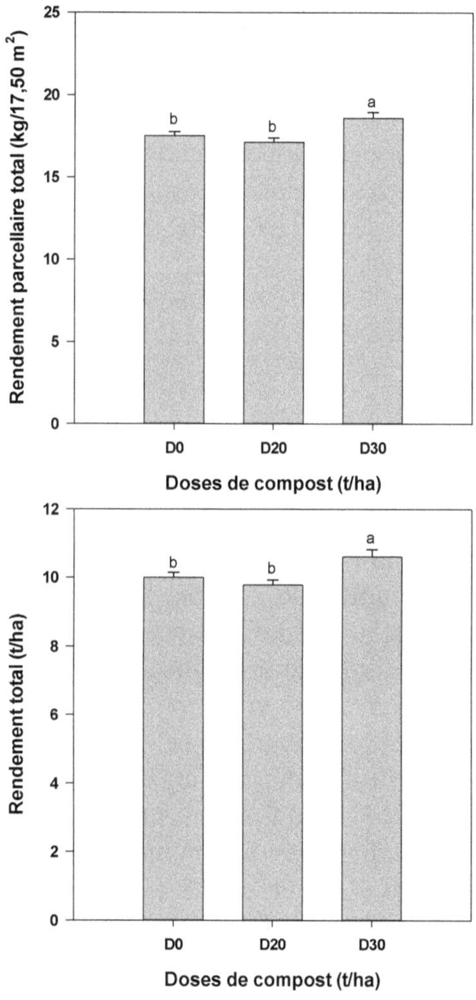

La Figure 2 montre les doses de compost affichent une différence significative (P < 0,05) en termes de rendements parcellaire et total. Par contre, il existe une différence non significative entre les doses DO et D20.

Tableau 5 : Synthèse des analyses de variance des rendements de la pomme de terre

Sources de variation	ddl	F. Calculé				F. Théorique	
		Rendement en petits calibres	Rendement en gros calibres	Rendement parcellaire	Rendement total	5 %	1 %
Répétitions	2	$1,73^{NS}$	$3,27^{NS}$	$2,15^{NS}$	$1,86^{NS}$	6,94	18,00
Doses	2	$0,18^{NS}$	13,09*	8,89*	7,86*	6,94	18,00
Erreurs	5	-	-	-	-	-	-
CV %	-	6,00	3,09	2,45	2,61	-	-

Les données indiquent que, le sol est homogène au point de vue fertilité, la différence est non significative entre les répétitions pour tous les paramètres. Les doses appliquées ont eu des effets significatifs sur l'ensemble des paramètres excepté le rendement en petits calibres. Par ailleurs, le CV qui varie de 0,80 à 6,00 %, permet d'affirmer que l'essai est d'une bonne précision.

DISCUSSION

Les données littéraires indiquent que la gestion de la fertilité des sols constitue une problématique dans toutes les exploitations à travers le monde. Les données climatiques recueillies ont été, d'une façon générale, favorables à la fabrication du compost à Faranah et au bon développement de la culture de pomme de terre à Pita. La durée du compostage 58 jours est inférieure à toutes les données rencontrées qui varient de 2 à 6 mois pour la méthode andainne. Cela pourrait être dû à la nature des matériaux ayant servi au compostage, c'est-à-dire à l'état semi-humides ; ce qui corrobore avec les résultats de [17]. La température moyenne 21,43°c dépasse légèrement les limites indiquées par Bespaly et Bobyley [18], qui notent que la meilleure température pour la formation des tubercules de pomme de terre est de 17 à 21°C. L'optimum varie selon l'auteur de 15 à 25°C. L'humidité relative moyenne 38,16 % est de loin inférieure aux limites données par Bah d'une part puis Bespaly et Bobyley d'autre part [16, 18] qui sont d'avis que l'humidité relative optimale pour la culture de pomme de terre est de 60 à 80 %. Cependant, l'aspect extérieur de la culture au cours de son cycle montrait qu'avec l'irrigation faite, la culture s'est développée dans un environnement d'humidité assez favorable.

La pomme de terre préfère les sols peu acides (pH de 6,0 à 6,5). Cependant, le pH se trouve dans l'intervalle donné par la [19] à savoir de 5,0 à 5,5. Les P^H de la termitière champignon 6,5 et celui du lit absorbant 6,6 sont supérieurs aux données de [19] déjà citées.

Le P^H du compost 9,3 reste de loin supérieur à toutes les limites rencontrées, ce compost pourrait être d'un bon apport pour les sols tropicaux qui sont dans leur majorité acide. Il peut limiter les effets néfastes du pH acide sur le rendement des différentes cultures. Le taux de matière organique des différents échantillons compris entre 2,80 % pour le sol et 6,13 % pour le compost varie de Moyenne à très élevé selon [20]. Les pourcentages d'éléments assimilables NPK sont faibles pour le sol, moyens pour la termitière champignon et le lit absorbant et élevés pour le compost. La somme des bases échangeables « S » comprise entre 3,10 méq/100g pour le sol et 6,23 méq/100g pour le compost varie selon Dabin et Leneuf [21] de moyenne à bonne. La capacité d'échange cationique « CEC » comprise entre 9,15méq/100g pour le sol et 13,48 méq/100g pour le compost est basse selon Boyer [20]. Les rendements obtenus qui varient de 9,78 à 10,60T/ha, sont inférieurs aux limites données par Tolno et al. [22] qui informe que le rendement de la pomme de terre au Fouta varie en fonction du calendrier, des normes et itinéraires techniques appliquées de 18 à 20T/ha. Cependant, ils cadrent bien avec les limites données par [23] qui renseignent qu'en régions tropicales, les rendements de la pomme de terre varient de 5 à 11T/ha en zone de plaine, 20 à 25T/ha en altitude et sont supérieurs au rendement obtenu par [24] par application de compost herbage et sous-bois à savoir 9,55 T/ha.

CONCLUSION

Les conclusions de cette étude sur la valorisation du compost à base de *Calopogonium mucunoïdes* DESV à Timbi-Madina ont permis de réduire la durée du compostage, l'utilisation des matériaux semi-humides, l'utilisation d'un lit absorbant de termitière champignon pendant le compostage, de limiter les pertes par lixiviation lors de la décomposition, l'application du compost a modifié légèrement les rendements dans leur ensemble et amélioré qualitativement la production de la pommes de terre, les doses D20 et D30 ont eu un impact significatif sur tous les paramètres étudiés à l'exception du rendement en petits calibres., le compost à base de *Calopogonium mucunoïdes* DESV fournit au sol des substances nutritives, et a la capacité d'améliorer les caractéristiques physiques et biologiques du sol, et avec un pH égal à 9,3; ce compost pourrait être utilisé pour remplacer le chaulage des sols tropicaux. En somme, l'utilisation du compost à base de *Calopogonium mucunoïdes* DESV permet de gérer durablement la fertilité des sols de Timbi Madina.

BIBLIOGRAPHIE

[1] Breman H., 1998. Amélioration de la fertilité des sols en Afrique de l'Ouest : Contraintes et perspectives. Soil fertility management in West African land use systems, 7-20.

[2] Alvergne C., 2008. Le défi des territoires. Comment dépasser les disparités spatiales en Afrique de l'Ouest et du Centre, Karthala. Partenariat pour le Développement Municipal, Cotonou, République du Bénin, 264 p.

[3] Liniger H.P. Mekdaschi Studer R. Hauert C. & Gurtner M., 2011. La pratique de la gestion durable des terres. Directives et bonnes pratiques en Afrique subsaharienne. TerrAfrica, Panorama mondial des approches et technologies de conservation (WOCAT) et Organisation des Nations Unies pour l'alimentation et l'agriculture (FAO). Rome, Italie, 243p.

[4] Nabhan H., 2003. Gestion de la fertilité des sols pour la sécurité alimentaire en Afrique subsaharienne. Organisation des Nations Unies pour l'Alimentation et l'Agriculture, Rome, 1933 p.

[5] Slimani R. & Chemim F., 2018. Gestion des déchets dans la résidence universitaire Ex-Habitat et essai de valorisation des bio-déchets par compostage (Doctoral dissertation, Université Mouloud Mammeri), République Algérienne Démocratique et Populaire, 93 p.

[6] Kidane W. Maetz, M. & Dardel P., 2006. Sécurité alimentaire et développement agricole en Afrique subsaharienne. Dossier pour l'accroissement des soutiens publics. Rapport principal. Rome, FAO, 127 p.

[7] Maliki R., 2013. Gestion de la fertilité des sols pour une meilleure productivité dans les systèmes de culture à base d'igname au Bénin. 2013. Thèse de doctorat, Université Abomey-Calavi, République du Bénin, 266 p.

[8] Mara B., 2011. Influence du compost à base du *Calopogonium mucunoïdes* (DESV) sur l'arrière effet des termitières champignons en maïsiculture sur sol ferralitique. Diplôme d'Etudes Supérieures, Institut Supérieur Agronomique et Vétérinaire Valery Giscard d'Estaing de Faranah, 36 p.

[9] Soudi B., 2001. Compostage des déchets ménagers et valorisation du compost. Agriculture et Environnement, Département des Sciences du sol, Institut Agronomique et Vétérinaire Hassan II, Rabat, Maroc, 102 p.

[10] Pujol A., 2012. Modélisation du procédé de compostage. Impact du phénomène de séchage. Thèse de doctorat, Institut National Polytechnique de Toulouse-INPT, 269 p.

[11] Diop M., 2007. Réformes foncières et gestion des ressources naturelles en Guinée : enjeux de patrimonialité et de propriété dans le Timbi au Fouta Djalon. Editions KARTHALA, 431 p.
[12] Dagbenonbakin G.D. Djenontin A.J. Adjovi N.A. Igué M.A. & Mensah G.A., 2013. Production et utilisation de compost et gestion des residus de récolte. Fiche Technique, Dépôt Légal, (6529).
[13] Dotchev D.G., 1991. Rotation culturale et systèmes culturaux avec la participation des plantes et tubercules au Fouta Djallon. Expert, FAO en RID au projet GUI1861004 (Développement rural du Fouta Djallon).
[14] Bokx J.A. Beemster A. Lambers R.H.R. Hiddema J. Van Hoof H.A. Maat D.Z. ... & van der Zaag D.E., 1972. Viruses of potatoes and seed-potato production. Pudoc, 237 p.
[15] Ndoye-Niane A.F. & Seck P.A., 2010. Pomme de terre : Régression de la production et concurrence des importations. L'Agriculture Sénégalaise à l'Epreuve du Marché, 34-42.
[16] Kessler A., 2004. Aspects socio-économiques d'un compost phytosanitaire issu des ordures appliquées dans l'agriculture périurbaine en Afrique de l'Ouest. Université de Humboldt, Berlin, 257 p.
[17] Paillat J.M. Robin P. Hassouna M. & Leterme, P., 2005. Effet du compostage d'effluents porcins sur les émissions gazeuses et les teneurs en éléments polluants Action 42c, Porcherie Verte, Institut national de la recherche agronomique, Centre de recherches de Rennes, 106 p.
[18] Bespaly I. Bobylev V., 1972. Agronomie tropicale 4ème édition MIR-Moscou, 176 p.
[19] FAO, 1999. Integrated soil management for sustainable agriculture and food security in Southern and East Africa, Proceedings of the Harare Expert Consultation, by H. Nabhan, M.A. Mashali and A.R. Mermut (eds.). AGL/MISC/23/99. Rome.
[20] Boyer P., 1982. Quelques aspects de l'action des termites du sol sur les argiles. Clay minerals, 17(4), 453-462.
[21] Dabin B. & Leneuf N., 1960. Les sols de bananeraies de la Côte d'Ivoire. Fruits, 15(3), 117-127.
[22] Tolno E. Kobayashi H. Ichizen M. Esham M. & Baldé B.S., 2015. Economic analysis of the role of farmer organizations in enhancing smallholder potato farmers' income in middle Guinea. Journal of agricultural science, 7(3), 123.
[23] Cirad G., 2002. Mémento de l'agronome. Paris : Ministère des Affaires Etrangères, GRET 75001, Paris, France, 1691 p.
[24] Camara A.M. & Diallo M.T., 2006. Promotion du compostage en combinaison avec deux types d'engrais chimiques en culture de Pomme de terre dans le groupement paysan de Konkobala Sonké, CRD de Timbi-Madina, Préfecture de Pita, Mémoire de fin d'Etudes Supérieures, Institut Supérieur Agronomique et Vétérinaire Valery Giscard d'Estaing de Faranah, 38 p.

ENJEUX DES ACTIVITÉS ANTHROPIQUES SUR L'ÉCOSYSTÈME FORESTIER DE LA RÉSERVE DE BIOSPHÈRE DES MONTS NIMBA-PRÉFECTURE DE LOLA
(Titre abrégé : Gestion des ressources naturelles)

Ouo-ouo TRAORE*,
Non-reclassé, Station Scientifique des Monts Nimba (SSMN), BP 41, Lola, République de Guinée, traorenimba78@gmail.com

Simon Pierre LAMAH,
Maître Assistant du CAMES, Département Hydrologie, Université de N'Zérékoré, Station Scientifique des Monts Nimba (SSMN), Lola, BP 50, République de Guinée.

Alexandre KONATE,
Maître Assistant du CAMES, Département Eaux et Forêts Environnement, Institut Supérieur Agronomique et Vétérinaire Valery Giscard d'Estaing de Faranah (ISAV-VGE/F), B.P : 131 Faranah, République de Guinée

Diawadou DIALLO,
Professeur des Universités, Département Agriculture, Institut Supérieur Agronomique et Vétérinaire Valery Giscard d'Estaing de Faranah (ISAV-VGE/F), B.P : 131 Faranah, République de Guinée

Résumé : Ce travail est axé sur l'étude des enjeux des activités anthropiques sur l'écosystème forestier de la Réserve de Biosphère des Monts Nimba-Préfecture Lola. L'objectif général de cette étude est d'évaluer les enjeux des actions anthropiques sur l'écosystème forestier de la réserve. Pour la collecte des données, l'outil kobocollect a été utilisé à travers un questionnaire élaboré à cet effet et adressé aux personnes ressources dans quelques villages riverains de la réserve. Les personnes enquêtées ont été regroupées en tranche d'âge avec un intervalle de 5 ans, les tranches d'âge (31-45 ans), (46-50 ans) et (26-30 ans) ont été les plus intéressées par l'enquête, avec les pourcentages respectifs 38,78 % ; 21,77 % et 19,73 %. Ainsi les logiciels Word, Excel et kobocollect ont été mis en contribution pour le traitement des données. Les résultats obtenus après notre étude, nous montrent que l'agriculture est la principale activité qui occupe la population

(52,45 %) selon les enquêtés suivi de l'élevage 23,02 %, puis viennent les autres activités : la carbonisation 9,43 %, la chasse 8,30 %, le commerce des PFNL 2,27 %, la pharmacopée 1,89 %, l'artisanat 1,51 % et l'exploitation du bois 1,13 %. Toutes ces activités sont pratiquées dans la zone tampon avec une pression croissante liée à la forte augmentation de la population. L'artisanat, le commerce des produits forestiers non ligneux, la pharmacopée et la chasse font recours à l'aire centrale de la réserve de manière clandestine due à la rareté ou au manque de leur matière première dans la zone tampon. Les éléments de l'écosystème forestier de la Réserve de Biosphère des Monts Nimba subissent chacun l'impact de chacune des activités anthropiques de manière direct ou indirecte et à des degrés différents.

Mots-clés : Impact, activités anthropiques, écosystème, forestier, réserve.

Abstract: This work focuses on the study of the challenges of anthropogenic activities on the forest ecosystem of the Monts Nimba-Préfecture Lola Biosphere Reserve. The general objective of this study is to assess the challenges of anthropogenic actions on the forest ecosystem of the reserve. For data collection, the kobocollect tool was used through a questionnaire developed for this purpose and sent to resource people in a few villages bordering the reserve. The people surveyed were grouped into age groups with an interval of 5 years, the age groups (31-45 years), (46-50 years) and (26-30 years) were the most interested in the survey, with the respective percentages 38.78 %; 21.77 % and 19.73 %. Thus, Word, Excel and kobocollect software were used for data processing. The results obtained after our study show us that agriculture is the main activity which occupies the population (52.45 %) according to the respondents followed by livestock breeding 23.02 %, then come the other activities: carbonization 9,43 %, hunting 8.30 %, trade in NTFPs 2.27 %, pharmacopoeia 1.89 %, crafts 1.51 % and logging 1.13 %. All these activities are carried out in the buffer zone with increasing pressure linked to the sharp increase in population. Crafts, trade in non-timber forest products, pharmacopoeia and hunting use the central area of the reserve clandestinely due to the scarcity or lack of their raw materials in the buffer zone. The elements of the forest ecosystem of the Nimba Mountains Biosphere Reserve each suffer the impact of each anthropogenic activity directly or indirectly and to different degrees.

Keywords: Impact, anthropogenic activities, ecosystem, forest, reserve.

Introduction

De nos jours, les personnes impliquées dans les sociétés humaines (scientifiques, politiques, citoyens...) ne peuvent plus ignorer les enjeux environnementaux mondiaux en raison de l'expansion des moyens de communication qui les relatent [1]. En raison de l'impact croissant des activités humaines sur l'environnement, la protection des ressources naturelles, notamment de la biodiversité, est devenue une question urgente et essentielle [2]. En Afrique, les Aires Protégées sont reconnues dans leur rôle de protection de l'environnement et la conservation de la biodiversité. Actuellement, elles sont les principales réserves de biodiversité du continent [3]. Les zones protégées se sont révélées être l'outil de protection le plus important et le plus efficace sur le terrain. Elles constituent le patrimoine naturel mondial et doivent être traités comme des biens publics [4-5].

La conservation des habitats et des ressources naturelles est l'objectif principal pour laquelle les aires protégées sont créées. Elles constituent à cet effet un réservoir à priori de la diversité floristique et faunique parce qu'elles portent des valeurs écologiques et environnementales [6].

Les Aires protégées ont pour rôle principal d'assurer la survie de la diversité biologique et la préservation du Patrimoine naturel et culturel [7].

Toutefois, même lorsque les zones protégées semblent conserver leurs valeurs, des changements subtils et un déclin peuvent se produire, ce qui peut conduire à une perte de biodiversité et à des « forêts à moitié vides » [8].

En effet, tous les Hommes utilisent les ressources naturelles soit directement ou indirectement pour satisfaire les nombreux besoins vitaux, avec l'augmentation de la population humaine, une exploitation toujours croissante des ressources naturelles est évidente [5 et 9].

Pour subvenir à leurs besoins, les populations riveraines de la réserve se basent principalement sur l'agriculture, qui est pratiquée traditionnellement avec l'utilisation de feux. Le brûlage des plantes est une pratique ancienne très courante dans l'agriculture et dans l'aménagement du territoire dans les régions tropicales [10 -14].

Les menaces sur la biodiversité en général, et sur l'écosystème forestier de la réserve de biosphère des monts nimba en particulier sont prononcées de jour au jour. Ces menaces sont les conséquences d'une pression démographique qui résulte du taux de natalité élevé, de l'afflux des chercheurs d'emploi dans les sociétés minières de la place.

La Réserve Naturelle Intégrale des Monts Nimba (RNIMN) qui se situe en Côte d'Ivoire et en Guinée est classée site Patrimoine Mondial selon les critères naturels (ix) et (x). Avec le développement des activités minières au sein du bien du côté Guinéen et l'arrivé massif des réfugiés en provenance du Libéria, il a été inscrit sur la liste du patrimoine culturel en péril [15].

De nos jours, la menace du bien est due au développement de projet miniers en Guinée ainsi que d'autres pressions anthropiques (la conquête de nouvelle terre agricole, projets de construction de routes, les feux de brousse incontrôlés, le braconnage, existence d'espèces envahissantes, destruction des habitats, etc.) [16 - 17].

La destruction des habitats est directement liée aux transformations anthropiques du paysage pour des raisons agricoles, industrielles ou urbaines. D'ici 2030, il est probable que 8,2 milliards de personnes peupleront la terre, soit 32 % de plus qu'aujourd'hui, cependant l'homme tire profit des habitats naturels pour se nourrir, se loger, se divertir et ce qui va augmenter sans cesse la demande [18, 1].

La réserve, grâce à sa grande diversité d'habitats et à ses nombreuses niches, abrite des espèces de vertébrés (plus de 317), donc des mammifères (107) et des invertébrés (plus de 2500 espèces) [19]. Les forêts sempervirentes, souvent des forêts primaires, occupent les vallées ou se trouvent sous les plateaux. La savane des régions inférieures, occupe les plateaux latéritiques avec l'absence des ligneuses et formant ainsi de grands espaces ouverts à la base du site [20].

L'écosystème forestier des Monts Nimba est soumis à des menaces comme : le braconnage, des feux de brousses, l'agriculture ainsi que d'autres pressions anthropiques croissante due à l'augmentation rapide de la population en périphérie du site, modifient progressivement l'écologie. La zone tampon qui a perdu sa fonctionnalité, expose l'aire centrale à des menaces croissantes. Notre étude a donc pour objectif général d'évaluer l'impact des activités anthropiques sur l'écosystème forestier de la réserve. Elle s'est fixée comme objectifs spécifiques : identifier les différentes activités anthropiques qui impactent négativement les écosystèmes forestiers de la réserve et faire l'analyse des effets des activités anthropiques sur les éléments de l'écosystème forestier de la réserve.

MATÉRIELS ET MÉTHODES

Présentation de la zone d'étude

La Réserve de Biosphère des Monts Nimba (RBMN) est le successeur de la réserve naturelle rigoureuse des monts Nimba (RNIMN), créée en 1944. Ceci est le résultat de nombreux résultats de la recherche scientifique et d'approches réussies menées par d'importants chercheurs.

Cette réserve naturelle intégrale est devenue réserve de biosphère en 1980 et le premier noyau fut désigné comme site du patrimoine mondial de l'UNESCO en 1981, après une dégradation progressive observée dans la première partie de cette réserve, elle a été ajoutée par le comité du patrimoine de mondial de l'UNESCO à la Liste des sites du patrimoine culturel en péril en 1992.

La Réserve de biosphère du Mont Nimba a une superficie de 145 200 hectares, équivalente à la partie guinéenne du bassin du fleuve Cavally.

La Figure 1 montre que la réserve comprend trois catégories d'aires protégées : (1) un groupe de trois zones centrales de 21 780 hectares de terres hautement protégées, comprenant : la partie guinéenne du mont nimba (site du patrimoine mondial de l'UNESCO) 12 540 hectares ont été notre principal domaine de recherche, les 320 hectares de collines de chimpanzés à Bossou et 8920 hectares de forêt de Déré, (2) les 35 140 hectares de zone tampon où les activités sont strictement contrôlées et (3) les 88 280 hectares de zone de transition où les activités sont surveillées [21].

Figure 1. Carte de la Réserve de Biosphère des Monts Nimba (RBMN), source : (SMFG)

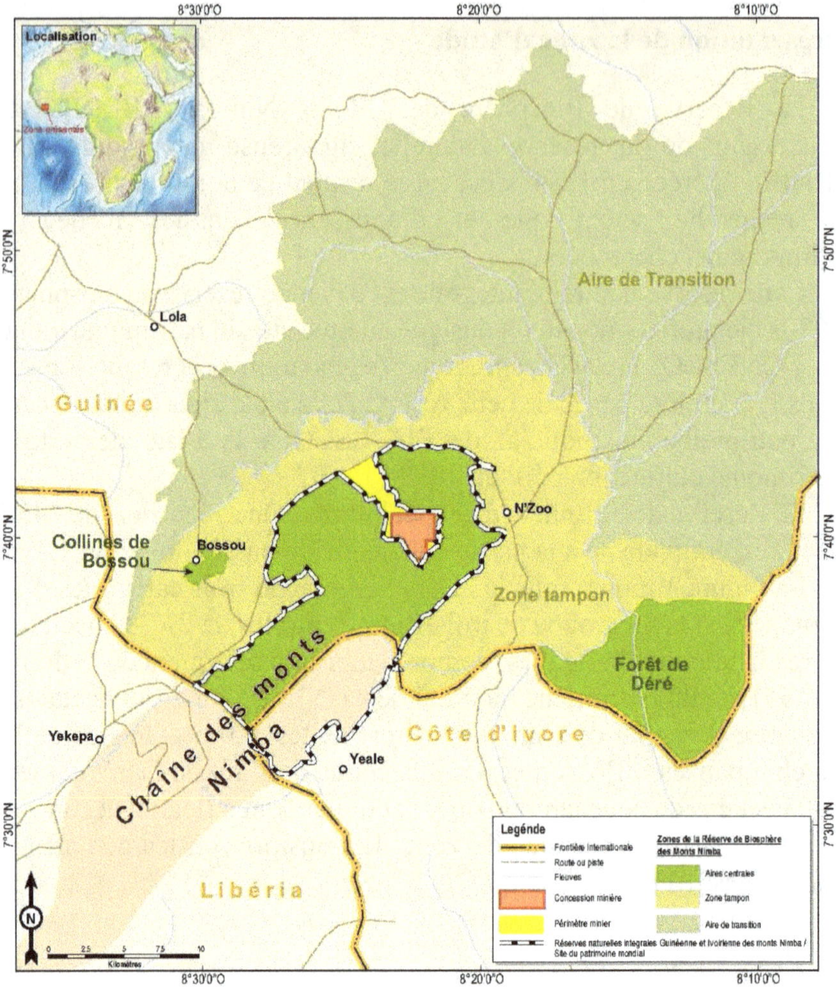

Méthodes

Collecte de données

Avec l'outil kobocollect, un questionnaire a été élaboré et adressé aux personnes ressources dans dix (10) villages riverains de la réserve, les villages (Kèoulenta, Foromota, Doromou, Gbié, Gbakoré, Zouguépo, Bourata, Guèila dans la sous-préfecture de N'zoo et Nyon, Séringbara dans la sous-préfecture de Bossou) ont été choisi par rapport à leur proximité aux aires centrales ; environ 10-20 personnes ont été enquêtées dans les villages ciblés à travers les tranches d'âge de 15-20 ans jusqu'à la tranche d'âge de plus de 50 ans ; ensuite des guides nous ont appuyé pour réaliser la marche de reconnaissance (RECCES) dans la réserve.

Analyse et traitement des données

A l'aide des logiciels Word, Excel et kobocollect, nous avons fait l'analyse et le traitement des différentes données recueillies sur le terrain pendant les enquêtes et les marches de reconnaissances dont les résultats sont mentionnés dans la rubrique résultats et interprétation.

RÉSULTATS

Activités anthropiques identifiées et leur impact sur l'écosystème forestier de la réserve

L'analyse des données recueillie auprès des populations riveraines et nos investigations sur le terrain avec l'appui des guides, nous ont permis de recenser les activités anthropiques ayant un impact négatif sur la biodiversité de la réserve des monts nimba qui sont entre autres :

Agriculture itinérante

Caractérisée par le nomadisme agricole, elle est la principale occupation des habitants des villages riverains et se pratique dans la zone tampon de la réserve, cette zone qui a perdue presque sa fonction de protection de l'aire centrale à travers la conquête de nouvelles terres agricoles, l'utilisation des herbicides, l'utilisation du feu, l'exploitation abusive des terrains de culture (voir photo 1 et 2) qui entraine la réduction de la durée de jachère, et expose une grande partie de la superficie de la zone tampon à la savanisation suite à une augmentation galopante de la population causée par le taux de naissance élevé et surtout l'arrivée massive des chercheurs d'emploi dans les sociétés minières de la place. L'agriculture concerne en majorité les cultures suivantes : le riz, les tubercules, le maïs ; il faut noter aussi les cultures pérennes (Plantation de caféier, de cacaoyer, palmier à huile, hévéa…).

Elles sont pratiquées sur tout le topo séquences sauf sur les pentes très fortes. Les bois restant après brûlis sont utilisés comme bois d'énergie. La majorité des bas-fonds restent encore non aménagés et leurs rendements sont faibles. La durée des jachères varient de 3 à 4 ans par conséquent le sol est exposé à l'érosion tandis que des superficies abondantes seront couvertes de végétation dominée essentiellement par les herbacés *(Chromolaena odorata, Rottboelia exaltata...)*.

Photo 1 : Un bas-fond pulvérisé à Kèoulenta

Photo 2 : Un bas-fond défriché et brulé dans la zone tampon

Chasse

La Réserve de biosphère des monts nimba possède une très riche et importante faune, mais elle se trouve menacée par la méconnaissance des textes de protection de la faune et la règlémentation de la chasse ce qui conduit à la pratique de la chasse non règlémentée. Conduisant ainsi à la rarté des espèces animales (les rats, les calao etc.) sensées faire la surviculture naturelle. Les méthodes utilisées pour la chasse sont : les armes à feu (K-libre 12), des pièges et les battus. La chasse est pratiquée pendant toute l'année et ne fait pas de selecttion de gibier ce qui entraine la disparition ou la raréfaction de plusieurs espèces animales (Pangolin, Panthère, Céphalophes) dans la réserve. (voir photo 3 et 4)

Photo 3 : Terrier de rat creusé la zone de N'Zoo

Photo 4 : Cartouche vide de calibre 12 dans l'aire centrale

Exploitation du bois

Les bois sont exploités pour les besoins locaux mais surtout pour les besoins économiques ; les projets de reboisement ne sont pas réalisés pour remplacer les espèces exploitées et celles détruites pendant l'exploitation. Les espèces les plus exploitées sont entre autres : *Terminalia Superba, (*voir Photo 5), *Terminalia Ivorensis, Chlorophora excelsa, Uapaca guineensis, Mytragina imermis* etc.

Photo 5 : Un termnalia scié dans la Zone tampon

Carbonisation

Dans les villages riverains des Monts nimba, après le bois de chauffage qui est consommé localement, le charbon de bois est produit et constitue une des principales sources de revenue. Eu égard à son rendement économique, la carbonisation devient une activité qui préoccupe les populations riveraines de la réserve pour le ravitaillement des centres urbains. Elle est pratiquée de manière anarchique et pendant toute l'année, toutes les espèces végétales ligneuses sont utilisées dans la production du charbon de bois excepter le *Sterculia tracacantha* selon les pratiquants de cette activité, ce qui fait d'elle l'un des facteurs de destruction du couvert végétal et de l'habitat des animaux (Voir photo 6 et 7).

Photo 6 : Four de carbonisation de bois à Gouamo

Photo 7 : Sacs de charbon de bois en vente à Foromota

Elevage

Cette activité vient après l'agriculture par ce que pratiquée par la quasi-totalité des populations et se fait durant toute l'année. L'élevage est de type extensif et semi-intensif, ces animaux sont toujours en liberté et concerne les ovins, caprins, volailles dans les villages riverains, quant à l'élevage des bovins, il reste à la discrétion des personnes qui ont fait de cette activité leur principale occupation ; une partie de la zone tampon hébergé ces troupeaux (savane du pont naturel) où les techniques d'élevage (Surpâturage, l'utilisation des feux pour le pâturage) contribuent à la dégradation de la biodiversité.

Artisanat

L'artisanat est pratiqué par les hommes surtout, c'est une activité génératrice de revenus. Les domaines sont ainsi très variés et utilise divers produits comme matière première : le bois, le rotin, les sous-produits du Raphia. Des petites unités artisanales (les ateliers de fabrique des meubles à partir du rotin) se rencontrent dans quelques villages environnants du site du patrimoine mondial de l'UNESCO.

Pharmacopée

Elle est exercée par les tradipraticiens dans les villages riverains pour le traitement de certaines maladies, elle est aussi une source de revenus pour les pratiquants. Cette activité fait recours aux espèces végétales et animales, utilisant certaines parties de ces espèces (feuilles, racines, écorces, latex, fruits, les poils, les carapaces…). Les espèces souvent utilisées sont : *Xylopia, Fagara, Enantia, Céib, piper, petit cola* etc. et l'obtention de ces espèces se fait par des ponctions, des prélèvements clandestins dans l'aire centrale par ce ces espèces sont pour la majeur partie disparue dans la zone tampon.

Commerce

Le commerce concerne la vente les produits issus de l'agriculture et les Produits Forestiers Non Ligneux (PFNL). Il contribue à la dégradation de la biodiversité à travers les méthodes utilisées (déterrement et coupe des racines, la coupe des tiges, l'enlèvement des écorces, des feuilles), pour la cueillette des produits forestiers non ligneux comme le Xylopia, le petit cola, le piper…, qui ne se rencontre que dans l'aire centrale de la réserve.

L'analyse des différentes données nous a permis d'obtenir le graphique de ces différentes activités comme illustre la figure 2.

Figure 2. Situation des activités pratiquées autour de la réserve.

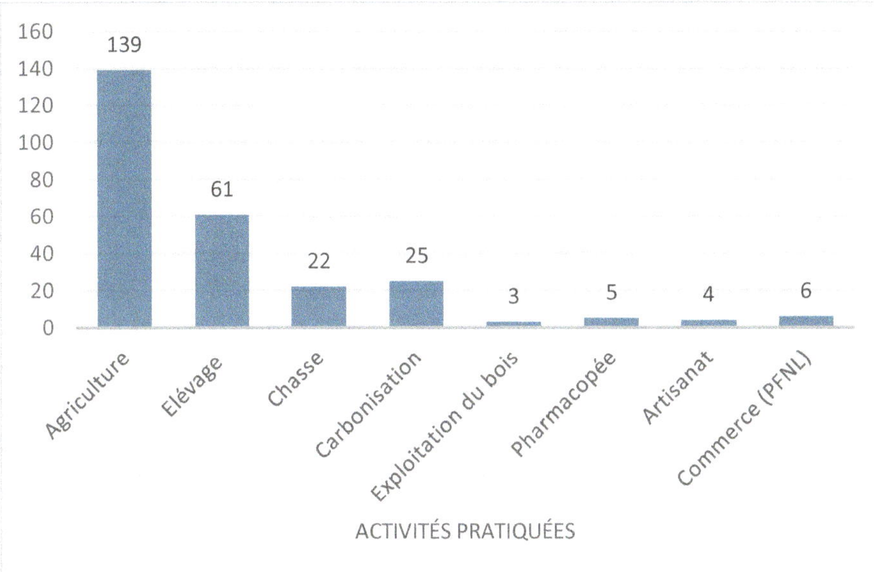

De ce graphique nous remarquons que la principale activité et plus pratiquée par une population en majorité paysanne est l'agriculture (soit 52,45 %) suivi par l'élevage (23,01 %), la carbonisation (9,43 %) tandis que l'exploitation du bois occupe la dernière place (1,13 %) malgré ses impacts visibles sur le terrain, selon les enquêtés la majeure partie de ces exploitants sont des étrangers ; les autres activités sont pratiquées par la même population : la chasse 8,30 %, commerce des PFNL 2,27 %, pharmacopée 1,89 % et l'artisanat I,51.

Analyse des effets des actions anthropiques sur l'écosystème forestier de la réserve

La synthèse de l'analyse de l'effet des activités anthropiques sur l'écosystème forestier de la réserve de biosphère des Monts Nimba se trouve consignée dans le Tableau 1.

Tableau 1 : Analyse des effets des activités anthropiques

N°	Types d'activités	Techniques utilisées	Effets	
			Positifs	Négatifs
1	Agriculture	Extensive sur brulis, utilisation des pesticides	Satisfaction des besoins alimentaires et économiques	-Réduction du couvert végétal, destruction de l'habitat des espèces animales, perte de fertilité du sol, changement climatique
2	Elevage (extensif dans les village et semi-intensif dans la savane du pont naturel)	Surpâturage et itinérant	-Disponibilité de la protéine animale, satisfaction des besoins alimentaires et économiques	- Feu de brousse répété, destruction du couvert végétal, modification de la structure du sol.
3	Chasse non règlementée	Mise en place des pièges, utilisation des fusils et le feu	Satisfaction des besoins alimentaires et économiques	-La rareté de certaines espèces animales (Pangolin, Panthère, Céphalophes…) et la disparition d'autres espèces (éléphants, lion)
4	Exploitation du bois	La coupe abusive du bois d'œuvre	Satisfaction de la consommation locale et sur surtout le revenu élevé de la vente du bois	-Dégradation du couvert végétal, destruction des habitats des animaux, la rareté des pluies, l'érosion du sol, changement climatique
5	Carbonisation	Abattage non sélectif du bois pour le charbon	Satisfaction des besoins économiques	-Destruction du couvert végétal, destruction des habitats des animaux, pollution de l'atmosphère
6	Pharmacopée	Prélèvement des organes des espèces végétale	Satisfaction des besoins sanitaires des populations	-Destruction de la végétation, rareté des espèces végétales cibles
7	Petit commerce	Vente en gros et en détail des produits forestiers non ligneux	Accroissement des revenus	-Rareté ou disparition des espèces cibles, destruction de l'habitat des animaux et du couvert végétal (Petit cola, poivre de guinée, Garcinia, Xylopia, Rotin)
8	Artisanat	Prélèvement fréquent des espèces végétales et animales	Accroissement des revenus, satisfaction des besoins locaux	- Surexploitation des espèces, la rareté de certaines espèces végétales (Fagara, Rotin Garcinia, Xylopia, Fraké)

Il ressort de ce tableau que l'ensemble des activités anthropiques ont des effets positifs pour les populations riveraines. Cependant, il est nécessaire de reconnaitre que ces activités agissent plus négativement sur les éléments de l'écosystème forestier de la Réserve de biosphère des monts nimba.

Tranche d'âge de personnes enquêtées

Nos enquêtes se sont portées sur les tranches d'âge avec un intervalle de 5 ans, partant de la tranche d'âge 15-20 ans à la tranche d'âge de 50 ans et plus dont la physionomie est présentée par la figure 3.

Figure 3. Tranche d'âge des personnes enquêtées

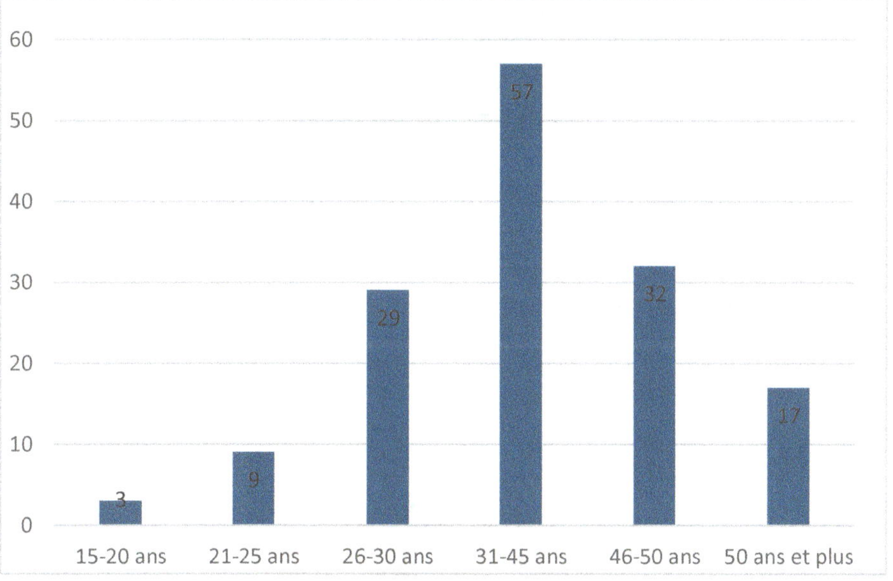

De ce graphique, la tranche d'âge 31-45 ans a été la plus représentée (38,78 %) suivi de la tranche d'âge 46-50 (21,77 %), 26-30 ans (19,73 %) qui sont les plus actives de la vie, tandis que la tranche d'âge 15-20 ans (2,04 %) se place à la queue du fil.

Occupation des écosystèmes par les activités anthropiques

Il est a noté que toutes ces activités anthropiques sont pratiquées dans différents milieux et elle est fonction du type de culture (culture vivrière, culture pérennes…), la grande partie de ces activités sont pratiquées dans la zone tampon avec une pression croissante, quant à l'aire centrale, elle est soumise aux prélèvements clandestins fréquents et à un braconnage abusif, comme illustrent les figures 4 et 5.

Figure 4. Occupation des écosystèmes par les activités

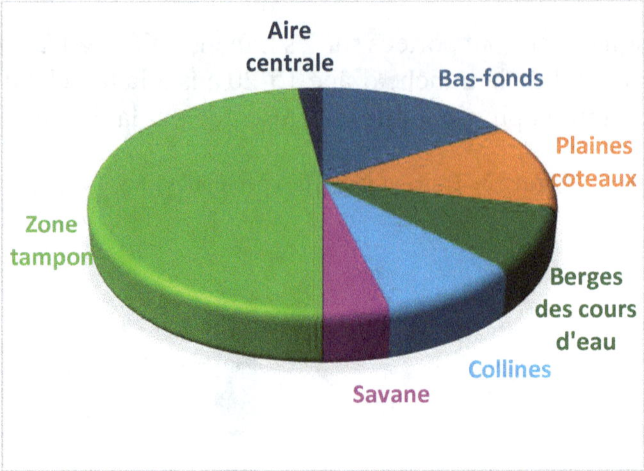

Figure 5. Pourcentage d'utilisation de l'aire centrale et la zone tampon

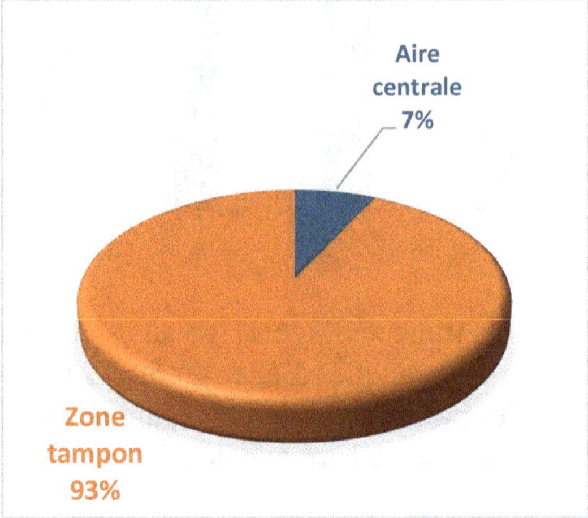

3.5. Evolution des impacts des activités anthropiques sur l'écosystème forestier de la Réserve de Biosphère des Monts Nimba

Nous avons fait l'analyse de l'effet des activités anthropiques sur les éléments de l'écosystème forestier de la réserve dans la Figure 6.

Figure 6. Impacts des activités sur les éléments de l'écosystème forestier

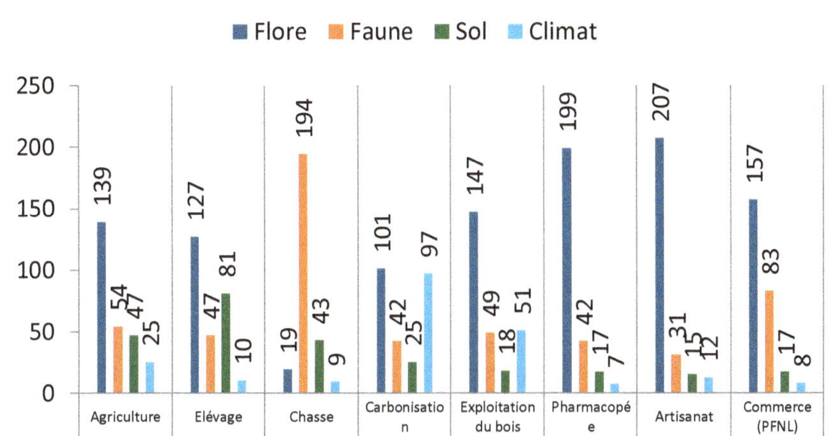

	Agriculture	Elévage	Chasse	Carbonisation	Exploitation du bois	Pharmacopée	Artisanat	Commerce (PFNL)
Flore	139	127	19	101	147	199	207	157
Faune	54	47	194	42	49	42	31	83
Sol	47	81	43	25	18	17	15	17
Climat	25	10	9	97	51	7	12	8

L'analyse de ce graphique nous montre que chacune des activités anthropiques a une influence de façon soit directe ou indirecte sur chacun des éléments de l'écosystème forestier de la réserve et à des degrés différents, suivant les objectifs visés par l'activité.

DISCUSSION

Au terme du traitement des données, nos résultats nous montrent que toutes les actions humaines ont un impact néfaste directement ou indirectement sur l'écosystème forestier des Monts Nimba. L'augmentation rapide et croissante de la population autour de la réserve permet de dire sans doute que les habitats naturels et leurs biodiversités vont être impactés à travers les activités qu'elle entreprend. Selon [5] dans son ouvrage (Analyse de la pression anthropique et son effet sur la biodiversité), la cause principale de la perte de la diversité biologique est le changement d'affectation des terres, qui est généralement associé à la croissance démographique et dans lequel la majorité de la main-d'œuvre convertit les terres à l'agriculture. [22] affirme dans leur étude sur la Gestion des menaces que la surexploitation des ressources, à travers le braconnage, la chasse, la pêche, l'extraction de bois de chauf et fourrage, l'exploitation forestière, endommagent les écosystèmes et les espèces naturels, le patrimoine culturel et les valeurs touristiques et récréatives. Ils affirment en outre que cette menace met en danger les valeurs environnementales de l'aire.

L'agriculture étant la principale activité et la plus pratiquée par les populations riveraines de la Réserve, elle reste la cause principale de pertes d'habitats des animaux sauvages ce qui confirme l'idée de [23] dans son étude (Etat de Conservation et connaissances de la moyenne et grande faune sauvage du Mont Nimba), qui fait remarquer que la déforestation affecte les espèces pour lesquelles les pertes d'habitat forestier constituent une menace importante pour leur conservation. Il définit l'agriculture comme un critère général qui constitue une menace directe ou indirecte pour diverses espèces.

La faune sauvage disparait rapidement sur l'action de l'homme par la chasse et/ou par la destruction de son habitat comme l'avait affirmé [9] au cours de l'étude d'une réserve naturelle intégrale dans le massif du Nimba (Guinée Française), qu'au même moment la faune disparaît rapidement là où les humains cultivent, alors que les agriculteurs humains attaquent directement les forêts pour planter des cultures.

La carbonisation malgré son apport économique dans les ménages ruraux riverains de la réserve, elle est une activité qui transforme la végétation, détruit les habitats des espèces animales par l'exploitation abusive du bois, d'après [24] les hommes ont découvert que dans les forêts de montagne du versant nord des Pyrénées, les humains avaient aménagé des forêts et des friches boisées pour répondre à leurs besoins en combustible domestique Ces charges sont causées par la mauvaise utilisation du bois dans la production de bois, la préparation des aliments (bois de chauffage), la construction et le commerce (le bois comme source économique).

CONCLUSION

Au terme de nos investigations, nous avons abouti à la conclusion suivante : (1) les activités anthropiques identifiées autour de la réserve, l'agriculture reste la principale activité qui est pratiquée par une population à majorité paysanne selon (52,45 % des enquêtés) et a un impact considérable sur les éléments de l'écosystème forestier de la réserve, suivi par l'élevage (23,01 %) qui reste en grande partie extensif sauf les bovins qui sont en élevage semi intensif dans la savane du pont naturel et qui impacte négativement la biodiversité ; (2) la carbonisation quant à elle, est une activité bien que génératrice de revenu pour les producteurs, elle est pratiquée dans certains villages riverains mais ayant un impact négatif sur la végétation de la réserve (9,43 %) ; (3) la chasse est pratiquée par quelques hommes (8,30 %) se trouvant dans les villages riverains qui augmente la pression humaine sur la faune de la réserve, et (4) le commerce des Produits Forestier Non Ligneux (PFNL) 2,27 %, la pharmacopée 1,89 %, l'artisanat 1,51 % et l'exploitation du bois 1,13 % sont aussi pratiquées avec des impacts non négligeables sur l'écosystème forestier de la Réserve de Biosphère des Monts Nimba.

Toutes ces activités sont pratiquées dans la zone tampon en grande partie avec une pression croissante due à une augmentation galopante de la population. D'où les éléments de l'écosystème forestier de la réserve subissent chacun l'impact de chacune des activités anthropiques de manière directe ou indirecte et à des degrés différents. Ainsi, la surveillance, la sensibilisation et l'éducation environnementale des populations riveraines s'avèrent indispensables pour la protection de la biodiversité de la réserve du nimba.

Conflits d'intérêts

Nous déclarons qu'il n'y a aucun conflit d'intérêt lié à cet article.

Remerciements

Nous remercions sincèrement le Ministère de l'Enseignement Supérieur, de la Recherche Scientifique et de l'Innovation de la République de Guinée pour avoir financé entièrement ma formation à travers le Projet formation des formateurs de 1000 PhD et 5000 Master.

Nos vifs remerciements à l'Ecole doctorale de l'ISAV-VGE/Faranah et à tout son personnel pour leur accueil chaleureux et encadrement.

Nous remercions également la Station Scientifique des Monts Nimba et son personnel pour leur accueil et appui dans la réalisation des travaux de terrain.

Mes parents, ami(e)s, collaborateurs, bref tous ceux de près ou de loin qui nous ont soutenu et encouragé trouvent ici l'expression de nos gratitudes.

BIBLIOGRAPHIE

[1] RAMBAUD M., 2008, Impact des activités anthropiques sur la dynamique et l'état de conservation d'un habitat naturel : exemple de la chenalisation des Rivières à renoncules (UE 3260), thèse de doctorat en sciences du Muséum National d'Histoire Naturelle

[2] FAO, 2001 : Situation des Forêts du Monde. Rome. 1-181.

[3] B. Sinsin. 1995 : Le rôle des aires protégées dans la conservation des ressources génétiques. Séminaire national sur les ressources phytogénétiques : diversité et conservation. INRAB. Niaouli, Bénin. 1-12.

[4] Carabias, J., J. Maza, R. Cadena, 2003 : Capacité nécessaire pour la gestion d'Aires Protégées : l'Afrique. UICN, Mexico. 1108.

[5] AMOUSSOU L.L.A, DJOSSA B.A., LOUGBEGNON O.T., KIDJO F.C., MENSAH G.A., 2012 ; Analyse de la pression anthropique et son effet sur la biodiversité des sites à ériger en réserves de faune au Sud-Bénin. Bul. Rec. Agro. Bénin (BRAB) N° Spécial Elevage et Faune, pp. 28-34.

[6] NDOTAM T.I., REOUNODJI F., KASALI J.L., DIAOUANGANA J., 2017 ; Evaluation de la diversité floristique en herbacées dans le Parc National de Manda au Tchad. Int. J. Biol. Chem. Sci., 11 (4)-1484 - 1496, DOI

[7] Mathur V.B., Onial M. et Mauvais G.., 2020 ; Gestion des menaces. 10.22459/GGAP.16 DOI

[8] Peres C. et Palacios E., 2007; Basin-wide effects of game harvest on vertebrate population densities in Amazonian forests: implications for animal- mediated seed dispersal, Biotropica 39: 304–15

[9] Lamotte M. 2022, Une réserve naturelle intégrale dans le massif du Nimba (Guinée Française). Revue d'Ecologie, Terre et Vie, 1949, 1, pp.15-32. hal-03532261

[10] Mutch R., Lee B. et Perkins J., 2000, Politiques nationales ayant un indice sur les incendies de forêts dans la région Amériques et Caraïbes, Fire Management Applications, Service Canadien des forêts et service des forêts du département de l'agriculture des Etats-Unis, Yreka, Californie, USA, 57 p

[11] Sow M., Hély C., M'bow C.et Sambou B, 2013, Fuel and fire behavior analysis for early-season prescribed fire planning in Sudanian and Sahelian savannas, Journal of Arid Environments, Volume 89, 13, pp. 84-93.

[12] Wilgen B.V., Navashni G., Izak P., Smit J. et Sandra M.F., 2014, The ongoing development of a pragmatic and adaptive fire management policy in a large African savanna protected area, Journal of environmental management, Volume 132, 14, pp. 358-368.

[13] Kamau P.N. et Medley K.E., 2014, Anthropogenic fires and local livelihoods at Chyulu Hills, Kenya, Landscape and Urban Planning, Volume 124, pp. 76-84.

[14] Afelu B., Fontodji K.J. et Kokou K., 2016, Impact des feux sur la biomasse dans les savanes guinéo-soudaniennes du Togo, [Vertig O] La revue électronique en sciences de l'environnement, Volume 16, Number 1, May 2016

[15] Santa F., 1992, 16ème session du comité du patrimoine mondial

[16] RAPPORT DE MISSION, 2017 ; Réserve naturelle intégrale du mont Nimba (Guinée/Côte d'Ivoire) (N155 bis)

[17] Rapport de la mission conjointe de suivi réactif à la Réserve Naturelle Intégrale du Mont Nimba (Guinée/Côte d'Ivoire, 2019).

[18] Novacek M.J. & Cleland E.E. (2001). The current biodiversity extinction event: Scenarios for mitigation and recovery. Proceedings of the National Academy of Sciences 98, 5466– 5470.
[19] IUCN, 2020 ; Réserve naturelle intégrale du mont Nimba - Conservation Outlook Assessment
[20] Comité du patrimoine mondial, 2012 ; Réserve naturelle intégrale du mont nimba (Côte d'Ivoire/Guinée) (N 155 bis). Décision 35 COM 7A.3
[21] Lamotte M. et Roy R., 2003, Le peuplement animal du Mont Nimba, Mémoires du Muséum d'Histoire Naturelle, 190 Pp 742. Paris. ISBN2856535542.
[22] Mathur V.B., Onial M. et Mauvais G., Managing threats. In Worboys, G. L., Lockwood, M., Kothari, A., Feary, S. et Pulsford, 2020, I. (éd.) Gouvernance et gestion des aires protégées. Canberra : ANU Press, doi.org/10.22459/GGAP.16.
[23] Dufour S. 2007, Etat de Conservation et connaissances de la moyenne et grande faune sauvage du Mont Nimba.
[24] Py-Saragaglia V., Burri S., Fouedjeu L. 2019. Les forêts montagnardes du versant nord des Pyrénées. In La Forêt Au Moyen Âge. Bepoix S, Richard H (eds). Les Belles Lettres : Paris ; 276-299.

Structures éditoriales du groupe L'Harmattan

L'Harmattan Italie
Via degli Artisti, 15
10124 Torino
harmattan.italia@gmail.com

L'Harmattan Hongrie
Kossuth l. u. 14-16.
1053 Budapest
harmattan@harmattan.hu

L'Harmattan Sénégal
10 VDN SICAP AMITIE 3
BP 45034 Dakar-Fann
direction@senharmattan.com

L'Harmattan Cameroun
Tsinga/Derrière polyclinique FECAFOOT
BP 11486 Yaoundé
Jacques.koukam@harmattan.fr

L'Harmattan Burkina Faso
Villa 281, secteur 23 623, rue 14.32
Ouagadougou
zagbie@outlook.fr

L'Harmattan Guinée
Almamya, rue KA 028 OKB Agency
BP 3470 Conakry
harmattanguinee@yahoo.fr

L'Harmattan RDC
185, avenue Nyangwe
Commune de Lingwala – Kinshasa
matangilamusadila@yahoo.fr

L'Harmattan Congo
219, avenue Nelson Mandela
BP 2874 Brazzaville
deunovmikhael@gmail.com

L'Harmattan Mali
Immeuble Mgr Jean Marie Cissé
Aci Hamadallaye
BP 145 Bamako
syllaka@yahoo.fr

L'Harmattan Togo
Djidjole – Maison Amela
face EPP BATOME
02 BP 20680 Lomé
didieramela11@gmail.com

L'Harmattan Côte d'Ivoire
Résidence Karl – Cité des Arts
Abidjan-Cocody
03 BP 1588 Abidjan
harmattan.ivoire@gmail.com

L'Harmattan Bénin
Rue 604, (Immeuble à l'entrée
de la rue UCAO- Cite de Saint-Jean)
Cotonou
stepcorpus@gmail.com

Nos librairies en France

Librairie internationale
16, rue des Écoles
75005 Paris
librairie.internationale@harmattan.fr
01 40 46 79 11
www.librairieharmattan.com

Librairie des savoirs
21, rue des Écoles
75005 Paris
librairie.sh@harmattan.fr
01 46 34 13 71
www.librairieharmattansh.com

www.ingramcontent.com/pod-product-compliance
Lightning Source LLC
LaVergne TN
LVHW080938071026
849535LV00013B/4252
* 9 7 8 2 3 3 6 5 2 4 4 6 7 *